分子生物学实验指导

刘 文 主编

科学出版社

北 京

内 容 简 介

本书是科研成果转化而来的、由递进式的实验项目组成的一个综合性课题，课题内容涵盖了重组DNA的基本流程，包含基础实验部分和拓展创新实验部分，共17个实验项目。

本书适合作为普通高等院校生物工程、生物技术、生物科学专业及农林、医药等专业的分子生物学或基因工程实验教材，也可供相关技术与研究人员参考。

图书在版编目（CIP）数据

分子生物学实验指导 / 刘文主编.—北京：科学出版社，2018.5

普通高等教育生命科学系列教材

ISBN 978-7-03-057123-6

Ⅰ. ①分⋯ Ⅱ. ①刘⋯ Ⅲ. ①分子生物学－实验－高等学校－教学参考资料 Ⅳ. ①Q7-33

中国版本图书馆CIP数据核字（2018）第073207号

责任编辑：陈　露

责任印制：谭宏宇 / 封面设计：殷　靓

科学出版社 出版

北京东黄城根北街 16 号

邮政编码：100717

http://www.sciencep.com

南京展望文化发展有限公司排版

广东虎彩云印刷有限公司印刷

科学出版社发行　各地新华书店经销

*

2018 年 5 月第　一　版　　开本：787×1092　1/16

2022 年 1 月第七次印刷　印张：6 1/4

字数：150 000

定价：28.00 元

（如有印装质量问题，我社负责调换）

《分子生物学实验指导》

编 委 会

主　编：刘　文

编　者：（按姓氏笔画排序）

王丽娟　刘　文

张建勇　孟春晓

胡　巍　盛桂华

前　言

　　分子生物学是21世纪的前沿学科,以重组DNA技术为基础的基因工程是生命科学发展前沿的一个代表。分子生物学实验或基因工程实验是生物学及医学、农林、食品科学等相关专业本科生的专业核心课程。实验教学不仅能帮助学生理解和掌握分子生物学的理论知识,也是提高学生现代生物学实验技能和科学素养、提升综合素质的必要环节。

　　本书的教学内容是科研成果转化而来的、由递进式的实验项目组成的一个综合性课题。用课题探究引导实验教学,让学生在探究的"实战"中发现问题、解决问题。在探究过程中,学生调动与运用知识储备分析问题,从而增长新的实验技能和科学素养,借助小组成员的沟通和合作获得积极的情感体验,推动认知的构建与技能的有效发展。

　　实验课题内容涵盖了重组DNA的基本流程,包含基础实验部分和拓展创新实验部分。基础实验部分"大肠杆菌Dps表达载体的构建、诱导表达及检测鉴定"包括基因扩增、质粒提取、DNA重组及转化、重组子筛选鉴定等分子生物学核心实验。拓展创新实验部分"Dps融合表达载体的构建、表达蛋白的分离纯化及功能鉴定",通过融合表达载体的构建,教师可以将自己的科研成果(如某种真核生物目的基因)用于实验教学(如表达Dps-目的基因融合蛋白,进行蛋白纯化和功能鉴定等),对实验内容进行有特色的拓展和创新。

　　为了获得理想的教学效果,进行实验项目设计时,综合考虑了多方面的因素,包括实验流程完整性、操作技术经典性及系统性,宿主细胞容易获得,目的蛋白表达高效、蛋白质纯化鉴定方便,有较大的拓展和创新空间,实验成本较低等。不同学校进行实验教学时,可以根据教学目标、教学课时和实验条件等灵活选择教学方案。例如,从基础实验和拓展实验中选择部分模块,不同小组完成不同任务,选择不同的基因进行融合表达等。在教学组织方式上,建议集中几天时间完成所选方案的实验,保证探究的连续性,也有利于不同实验环节、不同小组在时间上的相互配合。

为便于学生将本书作为实验手册使用,基础实验部分加入了供学生思考的小问题(可要求学生针对拓展实验提出相关问题),同时在书中为学生提供了记录实验现象和结果的留白,提供了部分实验的结果图片作为参考,设计了基础实验的时间安排建议表和实验小贴士等。

　　在本书编写过程中,编者得到山东理工大学生命科学学院的大力支持。书中所用载体和部分技术方法,使用并参考了中国预防医学科学院病毒学研究所侯云德院士和中国人民解放军军事医学科学院基础医学研究所凌世淦教授、宋晓国老师的研究成果。山东理工大学生命科学学院宋新华、徐振彪、邓洪宽等老师为本书的编写提供过修改建议或部分资料;吕颖、方丽、贾义华等同学提供了许多宝贵的实验操作经验。在此,向提供过帮助的单位和个人一并表示最诚挚的感谢。

　　由于时间有限,书中难免存在疏漏和不足之处,敬请使用本书的读者提出宝贵意见以帮助我们不断改进。

编　者

2018年3月20日

目　录

实验室守则

1. 穿着要整洁规范,进入实验室必须穿实验服。

2. 实验室内禁止带入食品,勿高声谈话。

3. 实验前应当认真预习,熟悉实验内容,了解所用仪器用具;实验应严格按操作规程进行,认真操作、仔细观察,及时记录实验现象及结果;实验结束后,仔细分析和总结实验结果,认真撰写实验报告。

4. 许多溶剂,如三氯甲烷(氯仿)、异戊醇、异丁醇、正丁醇、甲醛和乙醚,应在通风橱中使用或使用时注意通风,并注意保护呼吸道、皮肤和衣物。有些试剂可能是致癌物或诱变剂,如溴化乙锭、甲酰胺、丙烯酰胺等,在操作中应注意防护,并注意使用后的处理。注意防止紫外线对皮肤及眼睛的损伤,避免直接照射皮肤与眼睛。

5. 各种试剂在使用前都应认真阅读使用说明,特别是一些试剂盒,在掌握相关知识后方可使用。

6. 实验室中所有仪器都应向有使用经验的人请教后或阅读仪器使用说明书后方可使用。使用贵重精密仪器时,应严格遵守操作规程,发现故障立即报告,不得擅自拆检。仪器使用后使用人要如实填写使用登记表。

7. 实验台应当保持整洁,仪器、药品摆放整齐,使用过的器具及玻璃器皿应洗净后放回原处。试剂应规范、节约使用。公用试剂使用完毕后,应立即盖好放回原处。

8. 实验结束后整理好自己的实验用品,清理实验区域,做好卫生,并注意实验室水、电、门、窗等方面的安全。

实验内容概述

1. 课题名称

大肠杆菌 Dps 及其融合蛋白表达载体的构建、诱导表达、分离纯化和功能鉴定

2. 研究背景和目的意义

DNA 结合蛋白(DNA-binding protein from starved cell, Dps)是存在于古生菌及细菌中的一类抗压力蛋白,属于铁蛋白超家族。每一个 Dps 单体的分子质量为 18.7kDa, Dps 单体能够通过自组装机制形成十二聚体,发挥多种生理功能,它既能通过亚铁氧化酶活性,结合铁离子对氧化压力做出应答,又能在氧化并储存铁的同时去除 H_2O_2 与 Fe(Ⅱ)的毒性,从而保护 DNA、蛋白质及膜脂免受自由基损伤。另外,在铁、铜、辐射、高盐、酸、碱、饥饿或营养不足等环境胁迫下,一些细菌的 Dps 还能非特异性结合 DNA,形成一个高度有序且稳定的 Dps-DNA 复合体,使染色体从松散易受损伤形态转变为凝集紧实状态,起到保护 DNA 免受损伤的作用。

本实验以大肠杆菌(*Escherichia coli*, *E. coli*)基因组为模板,对其 *dps* 基因进行扩增,并在其下游引入 His-Tag,重组到 pBV220 载体上构建 pBV-dps-6his 原核表达载体,利用亲和层析分离纯化目的蛋白并通过蛋白质印迹实验进行鉴定;根据蛋白质是否能自组装成十二聚体并与 DNA 结合、保护 DNA 免受自由基氧化损伤等特点检测表达蛋白的功能。

在 pBV-dps-6his 原核表达载体基础上构建 pBV-dps-2x-6his 原核表达载体,其中 2x 为引入的 *Xho* I 和 *Xba* I 酶切位点,可将其他目的基因,如抗原表位序列或通过 RT-PCR 获得的真核生物基因等插入此位点,诱导表达 Dps 融合蛋白。

通过基因工程表达的 Dps 及其融合蛋白,可进行蛋白质抗氧化保护作用、抗原表位的免疫原性等生物学功能方面的研究。本课题内容综合性强,包含了基因工程(重组 DNA 技术)的关键设计思路和基因操作的常用方法。

3. 实验流程图

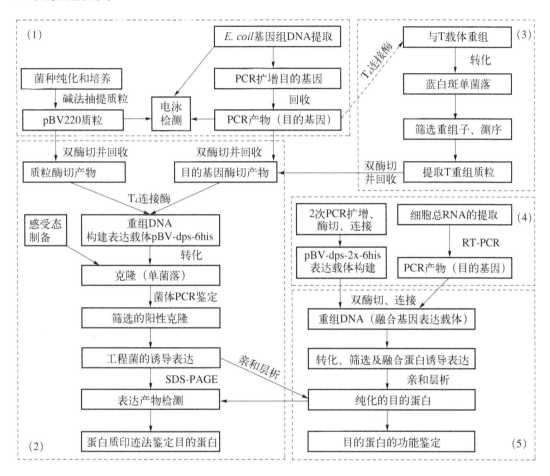

4. 内容模块

基础实验内容： 大肠杆菌Dps表达载体的构建、诱导表达及检测鉴定。

（1）质粒和目的基因（dps基因）的获取与检测。

（2）pBV-dps-6his表达载体构建及Dps-6his蛋白诱导表达及检测鉴定。

拓展创新实验内容： Dps融合表达载体的构建、表达蛋白的分离纯化及功能鉴定。

（3）PCR产物与T载体重组、蓝白斑法筛选重组子及目的基因测序鉴定。

（4）pBV-dps-2x-6his融合表达载体的构建及RT-PCR获取真核生物目的基因。

（5）载体pBV-dps-2x-6his与目的基因的重组、Dps融合蛋白的诱导表达、蛋白分离纯化、Dps蛋白功能鉴定。

分子生物学实验常用仪器设备

【实验目的】

介绍实验的原理和流程；学习常用仪器设备的使用。

【实验器材】

1. 灭菌设备

电热鼓风干燥箱主要用于干热灭菌；高压灭菌锅主要用于高压湿热灭菌。

2. 离心机

低温分离技术是分子生物学研究中必不可少的手段，基因片段的分离、酶蛋白的沉淀和回收及其他生物样品的分离制备实验中都离不开低温离心技术。

离心机使用的主要步骤包括几个方面？
最关键的注意步骤是什么？
你所在的实验室有几种离心机？分别在什么情况下使用？

离心机的分类和功能：低速离心机，每分钟几千转（r/min），用于分离细胞；高速离心机，每分钟1万～3万转，用于分离DNA、蛋白质等生物大分子；超速离心机，每分钟3万转以上，用于分离病毒、蛋白质等，根据用途又可分为分析超速离心机和制备超速离心机。

本课题需要实验室配有低温台式高速离心机，分别配有1.5ml和40ml角式转头，极限转速在20 000r/min以上。

3. 冷冻设备

普通冰箱（4℃，-20℃），-40℃冰箱，-80℃冰箱。许多动物、植物、微生物的样本以及试剂需要在低温或者超低温下贮存。

需配置制冰机，许多反应和实验过程需要在冰浴内进行。

4. 凝胶电泳装置

电泳法可以对不同带电物质进行定性或定量分析，或将一定混合物进行组分分析或单个组分提取制备。水平电泳槽常用于对核酸进行琼脂糖凝胶电泳实验，垂直电泳槽多用于蛋白质的聚丙烯酰胺凝胶电泳实验。电泳仪为电泳提供稳压或稳流的电源。

5. 凝胶成像仪

观察凝胶板、进行成像和分析存储成像结果。

6. PCR仪

PCR仪也称DNA热循环仪、基因扩增仪。主要应用在基础研究和应用研究的许多领域,如基因合成、基因分析、序列分析、进化分析、临床诊断、法医学鉴定等。

7. 0.1～1 000μl的微量移液器

一般都为量程可调移液器,可调范围分别为0.1～2.5μl、0.5～10μl、10～100μl、20～200μl、200～1 000μl,用于微量溶液的移取。有不同型号的移液器枪头(tip)适用于不同量程的移液器。

8. 超净工作台

超净工作台为分子生物学无菌操作提供了可能,分为垂直送风和水平送风两种。

超净工作台由三相电机作鼓风动力,功率为145～260W,将空气通过由特制的微孔泡沫塑料片层叠合组成的"超级滤清器"后吹送出来,形成连续不断的无尘无菌的超净空气层流,即所谓的"高效的特殊空气",它除去了大于0.3μm的尘埃、真菌和细菌孢子等。超净空气的流速为24～30m/min,这已足够防止附近空气可能的袭扰而引起的污染,该范围流速也不会妨碍采用酒精灯对器械等进行的灼烧消毒。工作人员在这样的无菌条件下操作,保持无菌材料在转移接种过程中不被污染。

9. 培养箱

包括恒温培养箱和数控恒温振荡培养箱。数控恒温振荡培养箱广泛用于对温度和振荡频率有较高要求的细菌培养、发酵、杂交、生物化学反应及酶和组织研究等。

10. 天平

包括分析天平和制备天平,天平的精度可达到千分之一或者万分之一。

11. 光学测量仪器

紫外-可见分光光度计主要用来检测DNA或RNA的浓度和纯度,有条件的实验室用DNA或RNA计算器来代替分光光度计,使用起来更方便。

12. 微波炉及电磁炉

用于熔化琼脂和琼脂糖。

13. pH计(酸度计)

用于试剂配制。

14. 磁力搅拌器

用于试剂配制。

15. 旋涡混合器

混合微量试剂。

16. 水浴装置

常用的水浴温度分别为16℃、37℃、42℃和60℃等,用于重组、酶切、转化、溶胶等分子实验操作。

PCR的原理是什么?谈谈PCR仪还能做些什么工作?

微量移液器如何使用?使用时有哪些注意事项?

超净工作台的使用步骤是什么?

17. 玻璃器皿及塑料制品

大小烧杯、锥形瓶、培养皿（直径9mm）、试剂瓶、量筒、吸管、搅拌棒、研磨器、离心管（1.5ml、0.5ml、0.2ml）、PCR管、不同型号的移液器枪头等。

18. 部分常用仪器

19. 含质粒的大肠杆菌菌株

20. 胰蛋白胨、酵母提取物、氨苄西林（氨苄青霉素）

【实验步骤】

1. 了解实验主要流程、时间安排、实验要求等。

2. 学习实验室安全注意事项。

3. 学习微量移液器的使用（见附录3）。使用各种量程的移液器练习移取1μl、10μl、55μl、150μl和1ml的蒸馏水。

4. 学习高压蒸汽灭菌锅、超净工作台、恒温振荡培养箱等的使用（见附录3）。

5. 实验器皿的洗涤、灭菌。

6. 含质粒大肠杆菌的接种培养。

【注意事项】

1. 取液体试剂之前应混匀一下，以免因放置时间过长而浓度不均。

2. 移液器用完之后要将刻度调回到接近最大量程的位置，防止弹簧失去弹性。

【问题讨论】

1. 分子生物学实验中哪些试剂在使用过程中应特别注意安全防护？

2. 简述微量移液器的正确使用方法。

实验二

培养基的配制与细菌的纯化培养

【实验目的】

1. 掌握 LB 培养基的配制方法。
2. 掌握菌种的纯化培养方法。

【实验原理】

LB(Luria-Bertani)培养基是微生物学实验中最常用的培养基，用于大肠杆菌等细菌的培养，分为液体培养基和加入琼脂的固体培养基。加入抗生素的 LB 培养基可用于筛选含有质粒(质粒上有抗性基因)的细菌克隆。

菌种纯化就是将菌体进行单菌落培养，常采用平板划线法或稀释涂布法。

【实验器材】

1. 仪器

超净工作台，灭菌锅，恒温培养箱。

2. 材料与试剂

(1)菌种：含质粒的大肠杆菌 DH5α。

(2)胰蛋白胨。

(3)酵母提取物。

(4)氯化钠。

(5)琼脂。

(6)50mg/ml 氨苄青霉素(Amp)。

(7)5mol/L 氢氧化钠。

(8)30% 甘油。

【实验步骤】

1. LB 液体培养基的配制

配制每升培养基，应在 950ml 去离子水中加入：

胰蛋白胨　　　　　　10g

酵母提取物　　　　　5g

氯化钠　　　　　　　　　10g

用玻璃棒搅拌溶液直至溶质完全溶解,加入200μl 5mol/L NaOH调节pH至7.0,加入去离子水至总体积为1L。配制LB固体培养基需在液体培养基中加入1.5%～2%的琼脂并煮沸溶化,补足失水。121℃高压灭菌20min。

2. 培养皿、移液管等的包装与灭菌

实验需灭菌的器械包括培养皿,试管,10ml移液管,40ml离心管,牙签,各种规格枪头,1.5ml离心管,0.1mol/L CaCl$_2$溶液等。

3. 含抗生素培养基的配制及倒平板

用灭菌后的去离子水将氨苄青霉素配制成50mg/ml储备液,放置-20℃冰箱保存备用。

灭菌后的培养基降温至60℃左右(触摸不烫手),定量加入氨苄青霉素溶液至终浓度50μg/ml,混匀。

固体LB培养基需在加入抗生素后立即倒平板。左手拇指和食指打开培养皿上盖,右手托锥形瓶瓶底,倒入约20ml(高度小于1/2)培养基,水平放置,使培养基平铺。

4. 菌种的分离纯化(需进行无菌操作)

划线培养:右手拿接种环,挑取保存菌种,左手拿培养皿,微开上盖,接种环与平板成45°角,用手腕力轻巧地在平面上滑动,避免划破培养基。划线完后,把培养皿倒置放在37℃条件下培养24～48h。

挑单菌落:从上述成功划线培养的平板上挑取一个单菌落于3ml LB液体培养基试管中,37℃振荡培养过夜。

5. 菌种的保存

接种在平板上的细菌置于4℃冰箱只能保存数天,将过夜培养的菌液加入等量的30%灭菌的甘油,分装在无菌1.5ml离心管中-20℃或-48℃长久保存。

【注意事项】

1. 灭菌后的培养基待冷却至60℃左右再加入抗生素,防止抗生素在高温下失活。

2. 倒平板时手法要快,防止培养基冷凝,所倾倒在培养皿中的培养基厚度应不高于1/2培养皿高度。

3. 菌株可在含15%甘油的培养液中-20℃保存。也可在半固体LB琼脂培养基中穿刺保存。

4. 基础实验部分,15人左右的实验组一般需配制液体LB培养基500ml,分装后(30ml/瓶)灭菌;固体LB培养基800ml,灭菌后冷却至50～60℃倒平板(其中2个不加Amp,其余加Amp至终浓度50μg/ml且混合均匀),备用;若长期保存需封口,4℃条件下倒置。

为什么要在培养基中加入氨苄青霉素?100ml培养基中应加入多少氨苄青霉素的储备液?

菌种有哪些保存方法?各有什么优缺点?

【问题讨论】

　　1. 什么是大肠杆菌的单克隆？为什么要进行菌种的单克隆培养？

　　2. 在培养基中加入何种抗生素的依据是什么？

质粒的提取

【实验目的】

掌握碱裂解法提取质粒的原理与方法。

【实验原理】

碱裂解法提取质粒根据共价闭合环状质粒DNA与线性染色体DNA之间在拓扑学上存在差异而达到使其分离的目的。

在pH12.0～12.5这个狭窄的范围内,DNA分子中的氢键被破坏,基因组DNA双螺旋结构被解开而变性,而共价闭合环状的小分子质粒DNA的氢键虽断裂,但两条互补链仍彼此相互盘绕,紧密地结合在一起。当加入pH4.8的乙酸钾高盐缓冲液恢复pH至中性时,两条互补链仍保持在一起的质粒DNA能够迅速而准确地复性;染色体DNA两条互补链往往彼此已完全分开、缠绕成线团或网状结构而很难复性。通过离心,线团状的染色体DNA与不稳定的大分子RNA、蛋白质-SDS复合物等一起沉淀下来而被除去。

DNA变性和复性的方法有哪些?
变性DNA的哪些性质发生了改变?

【实验器材】

1. 仪器

恒温摇床,台式离心机,旋涡混合器。

2. 材料与试剂

(1) 含pBV220质粒的大肠杆菌菌种。

(2) 溶液 I:50mmol/L葡萄糖,25mmol/L Tris-HCl(pH8.0),10mmol/L EDTA(pH8.0)。

(3) 溶液 II:0.4mol/L NaOH,2% SDS,新鲜配制。

(4) 溶液 III:3mol/L KAc溶液,pH4.8。

(5) 氯仿:异戊醇(V:V=24:1)。

(6) Tris饱和酚。

(7) 异丙醇或无水乙醇。

(8) 70%乙醇。

(9) TE缓冲液:10mmol/L Tris-HCl,1mmol/L EDTA,pH8.0。

【实验步骤】

1. 用灭菌的牙签挑取单菌落放入3ml LB液体培养基（含Amp 50μg/ml）中，37℃振荡培养过夜。

2. 将菌液倒入1.5ml Eppendorf管（EP管）中，8 000r/min离心 1min，弃上清液，为了收集更多的细胞，可重复以上操作一次。小心 弃上清液，并用吸水纸吸干残余液体。

3. 沉淀悬于100μl溶液Ⅰ中，旋涡振荡使其充分悬浮（室温或冰 上放置5min）。

> 溶液Ⅰ、Ⅱ、Ⅲ的作用 分别是什么？

4. 加入200μl溶液Ⅱ（新鲜配制），温和翻转EP管5次（冰上放置 2min）。当溶液逐渐由混浊变为清亮时加溶液Ⅲ（加入溶液Ⅱ的时 间不要超过5min）。

> 溶液Ⅱ的操作时间 为什么不要超过 5min？

5. 加入150μl溶液Ⅲ（冰上预冷），将EP管温和翻转2或3次（冰 上放置10min，使质粒DNA复性）。

6. 将EP管12 000r/min，离心10min，将上清液移至1个新的 1.5ml EP管中，注意吸取时不可吸入底部沉淀，所取体积约为400μl。

7. 加入与上清等体积的酚和氯仿：异戊醇（24：1）溶液（各约 200μl，共约400μl），混匀。12 000r/min，4℃，离心10min，取上清液。

> 加入酚和氯仿：异戊醇 溶液的作用是什么？

8. 上清液中加入预冷的等体积异丙醇（或2倍体积无水乙醇），轻轻混匀，−20℃沉淀1～2h（或−40℃沉淀30min）。

> 加入异丙醇的作用是 什么？

9. 将EP管12 000r/min离心10min，去上清液。

10. 沉淀加入500μl 70%乙醇洗涤1次，12 000r/min离心10min。 吸去上清液（注意沉淀勿丢失），风干沉淀。

11. 每管中加入20μl去离子水或TE缓冲液，37℃溶解质粒 DNA。完全溶解后，−20℃保存。

> 质粒DNA的琼脂糖凝 胶电泳能看到几条带？ 分别对应哪种结构？

12. 取样5μl，加入上样缓冲液，在1%琼脂糖凝胶上电泳，观察质 粒DNA条带。

【注意事项】

1. 溶液Ⅱ为新鲜配制，且加入溶液Ⅱ后操作时间不能超过 5min。

2. 分别加入溶液Ⅱ和溶液Ⅲ后摇匀动作要轻柔，切忌剧烈振荡。

3. 酚、氯仿等有机溶剂有毒性和腐蚀作用，操作时注意安全。

4. 质粒可以在−20℃冰冻保存。

【问题讨论】

1. 作为基因工程的重要载体，质粒具备哪些特点？

2. 提取质粒时加入各种试剂后的注意事项都有什么？

目的基因PCR扩增及扩增产物回收

【实验目的】

1. 学习细菌基因组DNA的提取方法。
2. 掌握PCR的基本原理与实验技术。
3. 了解引物设计的一般要求。

【实验原理】

细菌基因组DNA是目的基因PCR扩增的原始模板。蛋白酶K能迅速灭活裂解细胞内的核酸酶,结合液使基因组DNA在高盐条件下选择性吸附到离心柱的硅基质膜上,通过快速的漂洗、离心,将细胞代谢物、蛋白质等杂质去除,最后低盐洗脱液将纯净基因组DNA从硅基质膜上洗脱下来。

扩增出的DNA片段的大小和多少分别由哪些因素决定?

聚合酶链反应(polymerase chain reaction,PCR)是一种体外特异扩增特定DNA片段的核酸合成技术。该技术的基本原理是以拟扩增的双链DNA分子为模板,以一对能与模板互补配对的寡核苷酸为引物,在耐热DNA聚合酶(Taq DNA聚合酶)的作用下,按照半保留复制机制,合成新的DNA分子。目的DNA片段的产量按2^n方式呈指数级递增。

组成PCR反应体系的基本成分包括模板DNA、特异性引物、耐热DNA聚合酶、dNTP及含Mg^{2+}的缓冲溶液。

新DNA片段合成的方向是什么?

PCR包括三个基本反应步骤:① 变性。将反应系统加热至95℃,使模板DNA完全变性成为单链,同时引物自身或引物之间局部的双链结构也得以消除。② 退火。将温度下降至适当温度,两个引物分别结合到靶DNA两条单链的3′末端。③ 延伸。将温度升至72℃,耐热DNA聚合酶催化dNTP加到引物的3′端,由引物5′端向3′端延伸。上述三个步骤为一个循环,新合成的DNA分子继续作为下一轮合成的模板,经数小时的多次循环(25～40次)后,靶DNA片段的扩增倍数可达10^6～10^9。

要保证PCR能准确、特异、有效地对靶DNA进行扩增,通常引物设计要遵守以下几条原则:① 引物长度一般是15～25个核苷酸,如果有特殊要求也可适当延长;② GC含量为40%～60%;③ T_m值高于55℃；④ 引物与模板非特异性配对位点的碱基配对率小于70%；
⑤ 两条引物间配对碱基数小于5个；⑥ 引物自身特别是引物的3′端
碱基配对数不大于3个,以免形成茎环结构；⑦ 在引物的5′端一般
会设计上限制性内切核酸酶的识别序列,便于后续的酶切和连接；
⑧ 上下游引物根据实际需要还会加上起始密码子和终止密码子。
由于影响引物设计的因素比较多,实际应用时也可利用专门的引物
设计软件进行引物设计。引物的定量单位和溶解方法见附录1。

常用的设计引物的软件有哪些?

　　本实验的目的基因为大肠杆菌 dps 基因,通过PCR扩增在基因
末端添加6his序列和两种核酸限制性内切酶的识别序列。Dps-6his
蛋白的基因序列长度为522bp,编码173个氨基酸,分子质量约为
19.5kDa。

【实验器材】

1. 仪器

微量移液器,PCR仪,离心机,灭菌的PCR反应管。

2. 材料与试剂

（1）细菌基因组DNA提取试剂盒

（2）PCR试剂

1）DNA模板：基因组DNA或含靶基因的质粒DNA。

2）引物：根据目的基因两端序列设计的一对引物,浓度为
20μmol/L。

3）dNTP（2.5mmol/L）。

4）Taq DNA聚合酶（5U/μl）。

5）10×PCR缓冲液（10×buffer）。

6）灭菌去离子水。

（3）产物回收试剂

1）3mol/L KAc。

2）无水乙醇。

也可直接使用PCR产物回收试剂盒。

【实验步骤】

1. 大肠杆菌基因组DNA的提取

将大肠杆菌DH5α接种到LB液体培养基过夜培养,取1ml培养
菌液,10 000r/min,离心30s,弃上清液,收集菌体。

用细菌基因组提取试剂盒提取基因组DNA,作为PCR扩增反应
的模板,具体操作方法参照试剂盒说明书。

2. 引物设计与合成

参考GenBank数据库中大肠杆菌 dps 基因序列,设计特异性正向
引物和反向引物,正向引物引入 EcoR Ⅰ酶切位点序列（下划线部分）

这里的终止密码子为什么不是TAA？找出对应的编码6his的基因序列和内切酶序列。

和起始密码子ATG，反向引物引入*BamH* Ⅰ酶切位点序列（下划线部分）、终止密码子TAA及6his标签（斜体部分）。特异性引物序列为

正向引物（F$_{dps}$）：5′-CG<u>GAATTC</u>ATGAGTACCGC-3′

反向引物（R$_{dps-his}$）：5′-GC<u>GGATCC</u>TTA***GTGATGATGATGATG ATG***TTCGATGTTAGACTCG-3′

3. PCR反应体系

取0.2ml PCR反应管一支，用微量移液器按顺序加入各试剂（注意每加一种试剂要更换新枪头）（表4-1）。

酶促反应体系中，应该什么时候加入酶？

表4-1　PCR扩增体系

成　分	用量/μl
灭菌去离子水	75
10×buffer	10
dNTP	8
引物 F$_{dps}$	2
引物 R$_{dps-his}$	2
模板	2
Taq DNA聚合酶	1
合计	100

如有反应液沾到管壁上，可用离心机瞬时离心，使反应液沉于管底。

4. PCR扩增

如何确定PCR扩增参数？

将PCR管放到PCR仪中，按下列程序进行扩增：

（1）94℃　　　　　5min；

（2）94℃　　　　　50s；

（3）55℃　　　　　50s；

（4）72℃　　　　　50s；

（5）重复步骤（2）→（4）30次；

（6）72℃　　　　　10min。

5. PCR产物的沉淀回收

将PCR产物留出5μl进行电泳检测，其余沉淀回收。

加入1/10体积的3mol/L KAc和2倍体积无水乙醇，−20℃沉淀2h或−40℃沉淀30min，12 000r/min离心10min，弃上清液，风干。加入20μl去离子水溶解。

或用试剂盒回收PCR产物，详见试剂盒说明书。

如何让微量溶液混合？怎样确认PCR产物的特异性？

6. PCR产物的电泳检测

取5μl回收PCR产物，加上样缓冲液进行电泳检测。

【注意事项】

因为 PCR 灵敏度非常高,所以应当采取措施以防止反应混合物受痕量 DNA 的污染。

1. 所有与 PCR 有关的试剂,只作 PCR 实验专用,而不挪作他用。

2. 操作中所用的 PCR 管、离心管、枪头等都只能一次性使用。

3. 每加一种反应物,应及时更换新枪头。

【问题讨论】

1. PCR 反应液的主要成分是哪些? 在 PCR 反应过程中各起什么作用?

2. 用 PCR 扩增目的基因,要想得到特异性产物需注意哪些事项?

3. 能否直接提取真核细胞基因组作为模板对基因进行扩增? 为什么?

实验五

琼脂糖凝胶电泳检测DNA

【实验目的】

掌握琼脂糖凝胶电泳检测DNA的原理和方法。

【实验原理】

DNA分子在琼脂糖凝胶中泳动时有电荷效应和分子筛效应。DNA分子在高于等电点的pH溶液中带负电荷,在电场中向正极移动。由于糖-磷酸骨架在结构上的重复性质,相同数量的双链DNA几乎具有等量的净电荷,因此它们能以同样的速度向正极方向移动。在一定的电场强度下,DNA分子的迁移速率取决于分子筛效应,即DNA分子本身的大小和构型。具有不同分子质量的DNA片段迁移速率不一样,可进行分离。DNA分子的迁移速率与分子质量的对数值成反比。

琼脂糖凝胶电泳也可以分离分子质量相同、构型不同的DNA分子。质粒通常有三种构型:超螺旋的共价闭合环状质粒DNA(covalently closed circular DNA,cccDNA)、开环质粒DNA(open circular DNA,ocDNA)(即共价闭合环状质粒DNA的一条链断裂)和线状质粒DNA(linear DNA,LDNA)(即共价闭合环状质粒DNA的两条链发生断裂)。这三种构型质粒DNA分子在凝胶电泳中迁移速率不同,因此电泳后呈3条带,cccDNA迁移最快,其次为LDNA,最慢的为ocDNA,但因电泳条件不同,有时ocDNA和LDNA的位置会发生互换。

荧光染料溴化乙锭(ethidium bromide,EB)能嵌入DNA分子的碱基对之间形成荧光络合物,在紫外线激发下发出橘黄色荧光,因此可用于琼脂糖凝胶中DNA的检测。

【实验器材】

1. 仪器

琼脂糖凝胶电泳系统,凝胶成像仪,电炉等。

2. 材料与试剂

(1)质粒DNA和PCR获得的DNA。

(2)琼脂糖。

(3)50×TAE缓冲液:242g Tris碱,57.1ml冰醋酸,100ml 0.5mol/L

EDTA（pH8.0）。

（4）溴化乙锭溶液：在100ml水中加入1g溴化乙锭，搅拌溶解，然后用铝箔包裹容器或转移至棕色瓶中，保存于室温。（注意：溴化乙锭是强诱变剂并有中度毒性，使用含有这种染料的溶液时务必戴手套，称量染料时要戴面罩。）

（5）琼脂糖凝胶加样缓冲液（6×loading buffer）：0.25%溴酚蓝，0.25%二甲苯青FF，40%（*m/V*）蔗糖水溶液。

（6）标准分子质量DNA（DL2000 DNA Marker）：由6条标准的线状双链DNA条带组成，适用于对100～2 000bp的双链DNA分子大小进行估算和粗略的定量。6条电泳条带的DNA分子质量分别是2 000bp、1 000bp、750bp、500bp、250bp、100bp。每次电泳时取5µl，每条带的DNA量约为50ng。

标准分子质量DNA的作用是什么?

（7）标准分子质量DNA（DL5000 DNA Marker）：9条电泳条带的DNA分子质量分别为5 000bp、3 000bp、2 000bp、1 500bp、1 000bp、750bp、500bp、250bp、100bp。

【实验步骤】

1. 琼脂糖凝胶的制备

琼脂糖凝胶的浓度和待分离DNA分子的大小有一定的相关性关系，见表5-1。

表5-1　琼脂糖凝胶的浓度与有效分离范围

琼脂糖凝胶浓度/%	线性DNA有效分离范围/kb
0.6	1～20
0.7	0.8～10
0.9	0.5～7
1.2	0.4～6
1.5	0.2～4
2.0	0.1～3

常用的电泳缓冲液有哪些种类? 通常配成多大浓度的储备液?

称取0.36g琼脂糖，放入50ml锥形瓶中，加入30ml 1×TAE电泳缓冲液，置电炉上加热至完全溶化，待凝胶液温度降至60℃左右时，加入1µl EB核酸染料，轻轻混匀，则为1.2%琼脂糖凝胶液。

为什么待凝胶液温度降低至60℃再加入EB?

2. 胶板的制备

（1）将有机玻璃内槽洗净、晾干，放置于一水平制胶器中，并放好样品梳子。

（2）将加入EB的凝胶液缓缓倒入有机玻璃内槽，直至有机玻璃板上形成一层均匀的胶面，注意不要形成气泡。

（3）待胶凝固后，将有机玻璃内槽取出放入电泳槽内。

（4）在电泳槽中加入1×TAE电泳缓冲液,使缓冲液刚好没过胶平面,轻轻取出梳子。

3. 加样

样品中加入凝胶加样缓冲液的作用是什么?

5μl DNA样品与1μl 6×凝胶加样缓冲液充分混合,用移液器将混合液加入加样孔,注意记录点样顺序。

在一个加样孔中加标准分子质量DNA(DL2000 DNA Marker或DL 5000 DNA Marker)5μl。

4. 电泳

（1）接通电泳槽与电泳仪的电源,注意正负极,确保DNA片段从加样孔向胶前沿方向移动。DNA的迁移速率与电压成正比,最高电压不超过5V/cm。

为什么此时停止电泳?

2）溴酚蓝染料移动到距凝胶前沿2cm处,停止电泳。

5. 观察结果

用凝胶成像仪观察质粒和PCR产物电泳后条带的位置和分子质量大小。

【注意事项】

1. 溴化乙锭为致癌剂,所有溴化乙锭污染区的物品需戴手套拿取,切忌皮肤直接接触,尽量减少移液器和台面污染。废弃胶和污染物应集中处理,切勿乱丢。

2. 加样前赶走点样孔中的气泡,点样时枪头要垂直,切勿碰坏凝胶孔壁,以免带型不整。加样时不要使DNA样品漏出加样孔或戳破加样孔底部。

3. 一般情况下不必每点一个样品都换枪头,吸电泳缓冲液洗几次即可再点下一个样品。

【部分结果参考图】

PCR扩增*dps*基因电泳图见图5-1。质粒电泳图见图5-2。

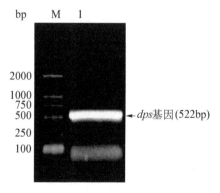

图5-1　PCR扩增*dps*基因电泳图

M. DL2000 DNA Marker; 1. PCR产物

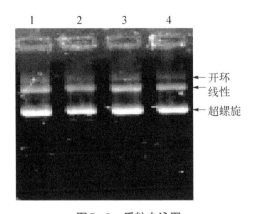

图5-2　质粒电泳图

1～4. 不同管中提取出的 pBV220 质粒

【问题讨论】

1. 电泳后质粒三种构型的条带位置如何？如果样品中有RNA，应在什么位置？

2. 常用哪种电泳检测蛋白质？

实验六

PCR扩增产物与T载体的连接

【实验目的】

　　学习一种简单快速的DNA重组连接方法——T载体连接法(也称TA克隆法)。将PCR扩增的基因片段经纯化后直接与克隆载体pMD18-T进行连接,构建体外重组DNA分子。

【实验原理】

　　大部分耐热DNA聚合酶反应时都有在PCR产物的3′端添加一个或几个"A"碱基的特性。pMD18-T载体(图6-1)是在pUC18载体的多克隆位点处的 *Xba* Ⅰ和 *Sal* Ⅰ识别位点之间插入了 *Eco*R Ⅴ识别位点。用 *Eco*R Ⅴ进行酶切反应后,再在两侧的3′端添加"T"而成。这样PCR产物3′端"A"与T载体3′端的"T"互补配对后,经连接酶作用直接实现PCR产物与载体的连接。连接后筛选出的重组子可以送到生物公司测序,确定PCR产物序列与目的基因是否一致。

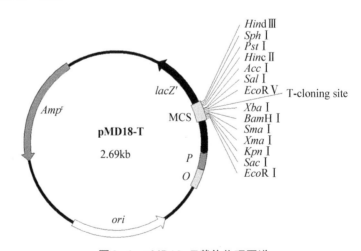

图6-1　pMD18-T载体物理图谱

　　T载体上具有 *Amp*ʳ 及标记基因 *LacZ*,可以根据α-互补产生的蓝白斑和氨苄青霉素抗性筛选重组子。

　　蓝白斑筛选是根据载体和宿主菌的遗传特征筛选重组子的一种

方法。载体带有一个大肠杆菌DNA的短区段,其中有β-半乳糖苷酶基因($lacZ$)的调控序列和前146个氨基酸的编码信息($lacZ'$),且在这个编码区中插入一个多克隆位点(MCS)后并不破坏可读框,仍可编码β-半乳糖苷酶氨基端的功能片段;某些特定的宿主菌可编码β-半乳糖苷酶C端部分序列;宿主和质粒编码的片段虽都没有酶活性,但它们同时存在时,可形成具有β-半乳糖苷酶活性的蛋白质,称为α-互补。

将上述载体导入宿主细胞后,由α-互补而产生的$LacZ^+$细菌在诱导剂异丙基硫代-β-D-半乳糖苷(isopropyl β-D-thiogalactoside,IPTG)的作用下,在生色底物5-溴-4-氯-3-吲哚-β-D-半乳糖苷(X-gal)存在时产生蓝色菌落,因而易于识别。然而,当外源DNA插入质粒的多克隆位点后,产生无α-互补能力的氨基端片段,使得带有重组质粒的细菌形成白色菌落。这种重组子的筛选,又称为蓝白斑筛选。经连接产物转化的转化菌平板在37℃条件下倒置培养12～16h后,有重组质粒的细菌形成白色菌落。

> IPTG诱导表达的原理是什么?

【实验器材】

1. 仪器

超净工作台,低温离心机,恒温培养箱。

2. 材料与试剂

(1) pMD18-T载体。

(2) PCR扩增产物。

(3) T_4 DNA连接酶及 $10 \times T_4$ DNA连接酶缓冲液。

(4) PCR产物纯化试剂盒或胶回收试剂盒。

(5) IPTG溶液:将2g IPTG溶于8ml水中,用水调节体积至10ml。用0.22μm的一次性过滤器过滤除菌,分装成1ml小份若干,储存于-20℃冰箱。

(6) X-gal储备液:将X-gal溶于二甲基甲酰胺中,配成20mg/ml浓度的溶液,装于玻璃或聚丙烯管中,用锡箔纸包裹,储存于-20℃冰箱。

(7) LB固体培养基。

【实验步骤】

1. PCR产物的准备

PCR产物与T载体连接前应进行纯化,以减少引物或杂质对连接的影响。纯化方法采用PCR产物胶回收试剂盒。

将全部PCR产物加上样液,用1%琼脂糖凝胶进行电泳分离,DNA量越多越易克隆。电泳后切割带目的条带的胶条,用PCR产物胶回收试剂盒纯化(步骤见试剂盒说明书)。

2. PCR产物同T载体的连接

按表6-1的数据添加反应体系并将其在12～16℃保温过夜。

设计①～④4个反应管的目的是什么？

表6-1　PCR产物与T载体连接体系（单位：μl）

反应体系	①	②	③	④
10×连接缓冲液	1	1	1	1
pMD18-T载体	1	1	—	1
PCR扩增产物	3	—	1	—
Control Insert DNA	—	—	—	1
ddH$_2$O	4	7	7	6
T$_4$ DNA连接酶	1	1	1	1
总体积	10	10	10	10

3. 连接产物转化大肠杆菌感受态细胞

具体实验操作，参照实验八相关内容。

4. 涂布平板

（1）在含抗生素琼脂平板上加40μl X-gal储备液和4μl浓度为200mg/ml的IPTG溶液。

（2）用无菌玻璃涂布器均匀涂布于整个平板的表面，37℃放置直至表面液体消失。

（3）将转化培养的感受态细菌接种到平板上。可用接种划线法接种，也可将100μl细菌悬液涂布平板表面。平板晾干后，37℃倒置培养12～16h。

（4）将平板在4℃条件下放置数小时，使蓝色充分显色。带有β-半乳糖苷酶活性蛋白的菌落中间为蓝色，外周为深蓝色。白色菌落偶尔也在中央出现一个淡蓝色斑点，但其外周无色。

5. 挑选阳性克隆纯培养

用灭菌牙签或小枪头挑取含有重组子的白斑（阳性克隆），37℃进行液体纯培养。培养后继续其他实验或直接进行测序。

6. 测序结果正确的重组子可以培养菌体，提取重组质粒，限制性核酸内切酶将目的基因从T载体切下，并与经同样限制性核酸内切酶酶切的表达载体pBV220连接，构建重组表达载体。

【注意事项】

1. 本实验可以与实验八同时做。

2. 本实验连接操作后，直接进行转化时连接液的体积不要超过20μl。连接反应应在16℃以下进行，温度升高（大于26℃）较难形成环状DNA。连接效率偏低时，可适当延长连接时间。

3. 克隆使用的插入片段（PCR产物）应切胶纯化回收，PCR产物中的短片段DNA（甚至是电泳也无法确认的非特异性小片段）、残存引物等杂质、DNA片段的立体结构、片段的长短等都会影响克隆的效率。一般情况下，长片段DNA的克隆效率低于短片段DNA。

4. 当进行转化DNA的用量较大或准备进行电转化时，需对连接液进行乙醇沉淀精制DNA后再进行转化。

【问题讨论】

转化板上蓝斑太多或没有白斑的原因是什么？

大肠杆菌感受态细胞的制备

【实验目的】

掌握大肠杆菌感受态细胞的制备方法。

【实验原理】

细菌处于容易吸收外源DNA的状态称为感受态。感受态细胞的制备常用冰预冷的$CaCl_2$处理对数生长期细菌的方法,即用低渗$CaCl_2$溶液在低温(0℃)时处理快速生长的对数生长期细菌,从而获得感受态细菌。此时细胞膨胀成球形、局部失去细胞壁或细胞壁溶解,DNA分子能够通过细菌表面质膜进入细胞。

转化混合物中的DNA形成抗DNA酶的羟基磷酸钙复合物黏附于细胞表面,经42℃短时间热激处理,促进细胞吸收DNA复合物。

大肠杆菌DH5α菌株是一种常用于质粒克隆的菌株。基因型为F−endA1 glnV44 thi−1 recA1 relA1 gyrA96 deoR nцpG Φ80dlacZΔM15 Δ(lacZYA−argF)μ169, hsdR17(rK−, λ−),其Φ80dlacZΔM15基因的表达产物与pUC载体编码的β−半乳糖苷酶氨基端实现α−互补,可用于蓝白斑筛选。recA1和endA1的突变有利于克隆DNA的稳定和高纯度质粒DNA的提取。DH5α菌株常用于分子克隆和蛋白质表达。

除了DH5α,你还了解哪些常用的大肠杆菌菌株?

【实验器材】

1. 仪器

超净工作台,低温离心机,恒温摇床,高压灭菌锅,制冰机。

2. 材料与试剂

(1)大肠杆菌DH5α。

(2)灭菌的0.1mol/L $CaCl_2$溶液。

(3)LB液体培养基(同实验二)。

(4)灭菌50ml离心管。

【实验步骤】

整个操作过程均应在无菌、冰浴条件下进行,所用离心管、各种规格枪头等最好是新的并经过高压灭菌处理,所有的试剂都要灭菌处理。

1. 挑取平板上 DH5α 单菌落接种于 30ml LB 培养液中，37℃培养过夜。

2. 将 0.6ml 过夜培养菌接种于一个含有 30ml LB 培养基的 250ml 锥形瓶中，37℃ 220r/min 振荡培养至对数生长期，OD$_{600}$为 0.2～0.4。

3. 无菌条件下将上述菌液转移到预冷的 50ml 离心管中，冰浴放置 10～20min。

4. 在 4℃条件下 4 000r/min 离心 10min，回收菌体。

5. 倒出培养液，将离心管倒置 1min 清除残留培养液。

6. 用 10ml 预冷的 0.1mol/L CaCl$_2$ 重悬细胞，放于冰上 30min。

7. 在 4℃条件下 4 000r/min 离心 10min，回收菌体。

8. 倒出培养液，倒置离心管 1min，清除残留培养液。

9. 用 1ml 冰浴的 0.1mol/L CaCl$_2$ 重悬菌体，将菌体分装成 200μl 的小份，此为感受态细胞。制好的感受态细胞要一直处于低温条件下。

怎样用肉眼大概判断接种培养后的细菌是否处于对数生长期？

为什么操作需要在冰浴条件下进行？

【注意事项】

1. 不要用经过多次转接或储存于 4℃条件下的培养菌，最好从 -70℃ 或 -20℃ 甘油保存的菌种中直接转接用于制备感受态细胞的菌液。细胞生长密度以刚进入对数生长期时为好，菌体活化时间为 2h 左右，OD$_{600}$ 不超过 0.4，以确保菌体不会活化过度。

2. 用 10ml 冰预冷的 0.1mmol/L CaCl$_2$ 重悬菌体沉淀时可用移液器轻轻吹打，因为此时的菌体比较娇嫩，切忌剧烈振荡导致菌体死亡。

3. 制备好后的感受态细胞分装后要放在冰箱 4℃保存，一般是制备后 4～12h 的感受态细胞转化效率最高。如放置 24h 以上，转化率又降到原来水平。

4. 感受态细胞中可加入占总体积 15% 的无菌甘油 -70℃长期保存（半年）。

【问题讨论】

1. CaCl$_2$ 法制备细菌感受态细胞及其转化的基本原理是什么？

2. 如何验证感受态细胞制备是否成功？

重组质粒的构建及转化

【实验目的】

1. 学习通过酶切、连接等方法体外构建重组DNA分子的原理及技术。

2. 学习重组DNA转化宿主细胞的方法。

【实验原理】

外源DNA与载体分子的连接就是DNA重组,含有重组DNA的宿主细胞称为重组子。

在基因工程重组体的构建过程中,一般需要选用合适的一种或两种限制性内切酶,分别作用于目的基因和载体,使二者获得相互匹配的黏性末端。在连接酶作用下将其连接成重组DNA分子。

酶切包括单酶切和双酶切。单酶切反应较简单,酶切产物两个末端相同,单酶切目的基因片段能以两种方向插入载体中,甚至DNA片段能串联插入载体中。用两种限制性内切酶切割目的基因称为双酶切,酶切反应本身稍复杂,但获得的靶基因片段只能以单方向插入载体,且可以避免自连,理论上重组效率更高。单酶切的基因或载体,都可能会发生自连,重组效率较差,不利于重组子的筛选。

在Mg^{2+}、ATP或NAD存在的连接缓冲液体系中,DNA连接酶利用ATP或NAD中的能量催化两个核酸链之间形成磷酸二酯键,将待重组的两种DNA分子进行连接。常用的DNA连接酶有两种:T_4噬菌体DNA连接酶和大肠杆菌DNA连接酶。两种DNA连接酶都可以将两个带有相同黏性末端的DNA分子连在一起,T_4连接酶还能使两个平末端的双链DNA分子连接起来。

连接反应在37℃条件下进行时有利于连接酶的活性,但是在该温度下黏性末端的氢键结合是不稳定的,因此一般在12～16℃条件下连接12～16h(或连接过夜),这样既可最大限度地发挥连接酶的活性,又兼顾到短暂配对结构的稳定。

带有外源DNA片段的重组体分子在体外构建成功后,需要导入适当的宿主细胞内进行扩增或表达出具有一定生物活性的蛋白质。

实验选用的表达载体是pBV220,为温度诱导型原核表达载体,

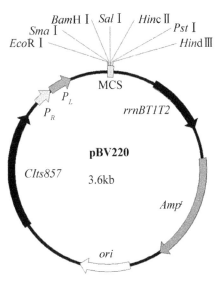

图8-1　pBV220质粒物理图谱

物理图谱见图8-1。pBV220载体特点见实验十。

转化宿主主要包括动物细胞、植物细胞、微生物细胞等。重组体导入受体细胞的途径主要有转化（转染）、显微注射和电穿孔等多种不同的方式。不同的受体细胞适合不同的导入方式，一般情况下，细菌类原核生物用转化方式导入，酵母细胞可用电穿孔方法导入，而高等动物细胞常用脂质体转染方式导入，植物细胞常用农杆菌转染方式导入。

【实验器材】

1. 仪器

恒温水浴锅，微量移液器，低温离心机，超净工作台，恒温培养箱。

2. 材料与试剂

（1）纯化的质粒DNA。

（2）纯化的PCR产物（目的基因）。

（3）限制性内切酶 EcoR Ⅰ、BamH Ⅰ。

（4）T_4 DNA连接酶。

（5）去离子水。

（6）3mol/L KAc。

（7）无水乙醇。

（8）胶回收试剂盒。

【实验步骤】

1. 质粒和目的基因的双酶切

酶切体系（表8-1）在1.5ml EP管中进行。

为什么要将质粒和目的基因双酶切？
双酶切时应选择什么样的缓冲液？

表8-1　质粒和目的基因酶切体系

成　　分	质粒酶切/μl	目的基因酶切/μl
DNA	30	20
10×buffer（Tango）	3	3
EcoR I	1	1
BamH I	1	1
去离子水	5	5
总体积	40	30

37℃水浴酶切4h。

2. 酶切产物沉淀回收

将酶切产物加入1/10体积的3mol/L KAc，然后加入2倍体积的无水乙醇，－20℃条件下沉淀2h（或－40℃条件下沉淀30min），12 000r/min离心10min，弃上清液，风干。质粒酶切回收产物加入10μl双蒸水溶解、PCR酶切回收产物加入7μl双蒸水溶解。或用胶回收试剂盒回收。

酶的活性一般在37℃时更高，为什么不在37℃条件下进行连接？

3. 目的基因和载体的连接

连接体系见表8-2。

表8-2　目的基因和载体连接体系

成　　分	用量/μl
基因酶切产物	7
质粒酶切产物	1
10×buffer	1
T$_4$DNA连接酶	1
合　　计	10

在16℃条件下连接5h或过夜。

4. 重组DNA转化感受态细胞

（1）分别取4管200μl感受态细胞，按表8-3要求加样，如是冷冻保存液则需在冰浴中进行化冻。

为什么设计4个转化管？各管有什么意义？

表8-3　转化管加样表

管　　号	所　加　样　品	涂布平板
①感受态对照	2μl无菌水	不含Amp
②阴性对照	2μl无菌水	含Amp
③转化实验组	10μl重组质粒DNA	含Amp
④阳性对照	2μl未酶切质粒DNA	含Amp

（2）将以上各样品轻轻摇匀,冰上放置30min。

（3）热激:42℃水浴中保温1～2min。

（4）迅速冰浴2min。

（5）立即向上述管中分别加入800μl LB液体培养基,37℃慢摇复苏培养1h(150r/min)。

（6）将复苏菌液4 000r/min离心1min沉淀细胞,吸去400μl上清液,用余留部分悬起细胞,每个实验样品涂布两个平板,注意涂布玻璃棒用酒精灯灼烧灭菌,冷却后使用。

培养皿为什么要倒置培养?

（7）平板正向放置30min至菌液完全被培养基吸收后,于37℃恒温培养箱内倒置平板,培养过夜。

能够在平板上长出菌落的大肠杆菌有什么特点?

【注意事项】

1. 酶切时一般的加样次序为DNA、10×buffer、水,最后加酶液。酶切反应为微量操作,枪头要从溶液表面吸取,以防止枪头沾取过多液体与酶。限制性内切核酸酶等工具酶保存于50%的甘油中,在-20℃条件下可以长期保存。应自始至终将酶保持在0℃以下,取酶时不能用手指接触储存酶的部分。在需要加酶的时候将酶从冰箱中取出,放在冰盒里,用完后立即放回冰箱。

2. DNA酶切及连接反应的温度和时间可根据具体情况调整。

3. 连接时通常DNA插入片段与载体DNA的物质的量之比为(2:1～10:1),需根据DNA分子质量计算,而不取决于浓度。

4. 转化感受态细胞过程,42℃热激时,时间要准确,切勿摇动细菌。

5. 涂布平板时,抗氨苄青霉素的转化菌不宜铺得过多,否则容易产生卫星菌落,妨碍筛选。

转化后培养基平板上长出的菌落会有哪些类型?

6. 菌液涂布平板时,应避免反复涂布,因为感受态细菌的细胞壁有了变化,过多的机械挤压涂布会使细胞破裂,影响转化率。

7. 在实验过程,加入试剂后应注意充分混匀,保温等反应后的样品也应离心后再进行后续实验。

【部分结果参考图】

pBV-dps-6his重组质粒转化结果见图8-2。

【问题讨论】

1. 描述体外DNA重组的基本过程。

2. 如果平板中没有或只有极少的转化菌落,请分析可能的原因。如果有大量的转化菌落,请分析原因。

3. 如何判断目的基因与载体是否连接成功?

4. 转化菌中为什么会出现假阳性克隆背景? 可采取哪些措施降低背景?

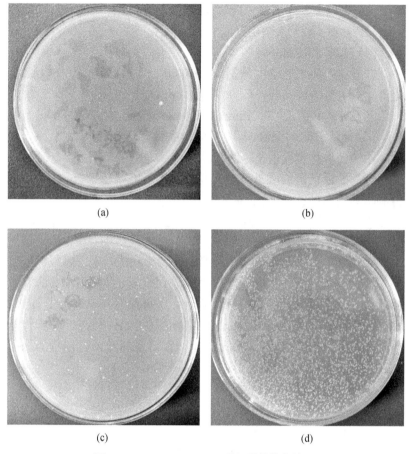

图8-2　pBV-dps-6his重组质粒转化结果

（a）感受态对照组（Amp-）；（b）阴性对照组（Amp+）；
（c）转化实验组（Amp+）；（d）阳性对照组（Amp+）

実验九

阳性克隆的筛选鉴定

【实验目的】

    1. 从转化细菌菌落中筛选出含有重组DNA的菌落,并对阳性克隆(重组子)进行鉴定。

    2. 了解阳性克隆鉴定常用的几种方法及其原理,掌握PCR法鉴定的操作步骤。

【实验原理】

    不同的克隆载体及相应宿主系统,重组子的筛选和鉴定方法不尽相同。根据重组子遗传表型的改变进行筛选,有α-互补、插入灭活等方法;根据重组子结构来筛选,有限制性酶切分析、PCR法及杂交筛选等方法,从而确定在载体中是否插入了外源DNA。但是,如果该DNA片段来源于PCR扩增或经突变改造后的产物,还要通过DNA测序分析最终确定插入基因的序列。

    1. α-互补法   见实验六相关内容。

    2. 插入失活法

    该法适用于部分质粒(如pBR322),这些载体带有两个或更多个抗生素抗性基因和分布适宜的限制性酶切位点。根据其中一个抗性插入失活而其他抗性保持正常,来判断转化后含有质粒的宿主细胞中是否为重组质粒。

    3. 菌落PCR法(或菌体PCR)

    菌落PCR(colony PCR)可不必提取质粒DNA进行酶切鉴定,而是直接以菌体热解后的DNA为模板进行PCR扩增,省时省力。挑取转化细菌的单菌落进行培养,取菌液作模板,用插入片段两端互补的特异性引物进行PCR扩增,能扩增出与目的基因大小相当的特异片段的转化子为阳性重组子。设计菌落PCR用的引物很关键。一般如果是定向克隆,用载体上的通用引物即可,如pET系列可用T$_7$通用引物。如果是非定向克隆(如单酶切或平末端连接),一条引物用载体引物,另一条用目的基因上的引物,可以方便地鉴定阳性重组子,且错误概率很低。

    4. 限制性酶切法

    挑取转化细菌的单菌落进行少量培养,提取质粒DNA,然后用重组时所用的限制性内切核酸酶进行消化，释放出插入片段，通过凝胶电泳检测载体和插入片段的大小并与目的基因大小进行比较。若外源DNA是经单酶切后插入，即两端所用为同一个内切酶，这时除了对转化子质粒DNA进行单酶切观察是否有相同大小的外源DNA插入外，还要对插入片段的方向进行鉴别。

5. 杂交筛选

将平板上待筛选的菌落转移到硝酸纤维素膜（NC膜）上，然后在膜上原位裂解细菌并使释放出的DNA非共价结合于滤膜上。对滤膜上尚未结合DNA的其他活性部位进行杂交封闭处理后，滤膜与标记的特异核酸探针杂交。由于探针与靶DNA有很好的碱基配对关系，故能牢固结合于靶DNA上，而非特异结合在膜上的探针，则很容易在以后的洗脱过程中洗去。洗涤后的滤膜与X线胶片叠压在一起，曝光一段时间后显影、定影。如果待筛菌落中含有靶DNA序列，则在自显影胶片上可见到阳性杂交信号，与滤膜对应的平板上的菌落即为所需的克隆。

6. DNA序列分析

由于DNA序列分析成本较高，故本法不作初步筛选之用。只有在经过其他筛选手段基本确定为目的克隆的情况下，才对目的克隆进行测序和序列分析，最终确认基因序列的正确性。

【实验器材】

1. 仪器

恒温摇床，台式离心机，低温离心机，超净工作台，PCR仪，凝胶成像仪。

2. 材料与试剂

（1）转化后的菌落平板。

（2）F_{dps}引物和$R_{dps-his}$引物（同实验四）。

（3）pBV220质粒。

（4）LB液体培养基。

（5）50μg/ml氨苄青霉素。

（6）1%琼脂糖凝胶。

（7）琼脂糖凝胶加样缓冲液（6 × loading buffer）。

（8）DL2000 DNA Marker。

（9）灭菌牙签。

【实验步骤】

本实验用菌体PCR方法鉴定阳性克隆。

1. 挑克隆、准备PCR反应体系

方法一：

在超净工作台内用灭菌牙签随机挑取转化平板上的单菌落，将牙

签放到含1ml LB液体培养基（含Amp）的试管中，30～37℃ 150r/min
振荡培养1～2h。

按表9-1配制PCR反应体系混合液后分成5管，每管19μl（每组
可以一起配制500μl，分装每管19μl）。

表9-1　菌体PCR体系

进行菌体PCR扩增
时，模板是什么？模
板浓度越大越好吗？

成　　分	用量/μl
双蒸水	77
10×buffer	10
dNTP	8
引物 F_{dps}	2
引物 $R_{dps-his}$	2
*Taq*聚合酶	1
合　　计	100

将培养1h后的菌液取1μl作模板加入19μl PCR反应体系中。若
菌液过浓需适当稀释。

方法二：

用灭菌牙签随机挑取转化平板上的单菌落，在19μl PCR体系
中轻轻涮几下作为模板，然后将牙签加入含2ml LB液体培养基（含
Amp）的试管中，振荡培养。

方法三：

随机挑选转化板上的单菌落，用灭菌的牙签或枪头挑取少
量菌体，在LB固体平板上轻点，做一拷贝；然后将沾有菌体的牙
签或枪头置于相应的装有PCR反应体系的PCR管中洗涤数下
（PCR管做好记号，如平板上点的是1＃，则PCR管上也标1＃，
以便筛选到克隆后进行扩大培养）。置于PCR仪中，按常规条件
扩增。将已经接种有菌的平板置于37℃培养箱培养过夜，使菌扩
增。根据菌体PCR结果，在平板上挑选阳性克隆做进一步筛选或
培养。

2. PCR扩增

将PCR管放到PCR仪中，按下列程序进行扩增。

（1）94℃　　5min（预变性）；

（2）94℃　　50s；

（3）55℃　　50s；

（4）72℃　　50s；

（5）重复步骤（2）→（4）30次；

（6）72℃　　10min。

3. PCR产物电泳检测

用1%琼脂糖凝胶进行电泳检测,PCR样品中加入6×loading buffer混匀后上样,其中一个胶孔加DL 2000 DNA Marker 3～6μl。

能扩增出目的基因条带的克隆为阳性克隆。

【注意事项】

1.挑取单菌落时要注意选取平板中间的比较均匀的菌落。

2.挑取的菌体不宜太多,否则会有非特异性扩增。

【部分结果参考图】

重组子菌体PCR鉴定见图9-1。重组子酶切鉴定及菌体PCR鉴定见图9-2。

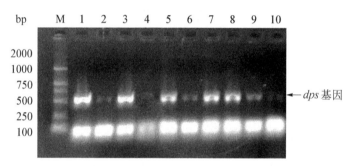

图9-1 重组子菌体PCR鉴定

M. DL2000 DNA Marker;1～10.1～10号克隆菌体PCR产物

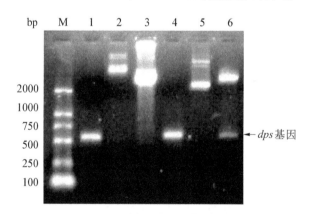

图9-2 重组子酶切鉴定及菌体PCR鉴定

M. DL2000 DNA Marker;1. *dps*基因PCR产物;2. pBV220质粒;
3. pBV220质粒双酶切产物;4. 阳性克隆菌体PCR鉴定产物;
5. pBV-dps-6his重组质粒;6. pBV-dps-6his重组质粒双酶切鉴定产物

【问题讨论】

1. 为什么通过调整重组时插入片段和载体的比例,可以增加菌落的阳性率?

　　2.用目的基因的特异引物来做菌落PCR,假阳性率会较高,因为平板上就有很多目的基因片段。PCR扩增时要提高特异性,引物最好一个是目的基因上的特异引物,另一个是载体上的引物,或者用载体上的通用引物,为什么?

实验十

目的蛋白的诱导表达及检测

【实验目的】

1. 了解诱导目的基因在大肠杆菌中表达的方法。

2. 学会用十二烷基硫酸钠-聚丙烯酰胺凝胶电泳(SDS-PAGE)检测所表达的蛋白质。

【实验原理】

1. pBV220表达载体的特点

大肠杆菌作为外源基因表达的宿主,遗传背景清楚,技术操作简单,培养条件简单,大规模发酵成本低,备受遗传工程专家的重视。目前大肠杆菌是应用最广泛、最成功的表达系统,常为高效表达的首选体系。外源基因在大肠杆菌中表达,必须有合适的表达载体,常用的载体有pBV220、pET系列等。

pBV220使用了很强的双启动子P_L、P_R,它们是大肠杆菌λ噬菌体中控制早期转录的启动子。载体含有编码温度敏感性阻遏蛋白的$cIts857$基因,在30~32℃时产生的阻遏蛋白能阻止P_L、P_R的转录起始,细菌可以正常生长繁殖,42℃时该阻遏蛋白失活,目的基因开始转录而表达。因此,改变工程菌的培养温度即可控制目的基因的表达,这一点比用诱导剂诱导表达的系统要节省操作步骤和成本。

整个pBV220质粒仅为3.66kb,有利于增加其拷贝数及容量,可以插入大片段外源基因;温度诱导后外源基因表达量可达细胞总蛋白的20%~30%,产物以包涵体形式存在,不易降解,均一性好。

2. 聚丙烯酰胺凝胶电泳

聚丙烯酰胺凝胶是由丙烯酰胺(Acr)和交联剂N,N'-亚甲基双丙烯酰胺(Bis)在催化剂过硫酸铵作用下,聚合交联而成的具有网状立体结构的凝胶,反应液中还加有四甲基乙二胺(TEMED)用来引发和控制聚合反应。聚丙烯酰胺凝胶电泳可根据不同蛋白质分子所带电荷的差异及分子大小的不同所产生的不同迁移率将蛋白质分离成若干条带。

十二烷基硫酸钠(SDS)是一种阴离子表面活性剂,能打断蛋白质的氢键和疏水键,并按一定的比例和蛋白质分子结合成复合物,使蛋白质带负电荷的量远远超过其本身原有的电荷,掩盖了各种蛋白质分子间天然的电荷差异。因此,各种蛋白质-SDS复合物在电泳时的迁移率不再受原有电荷影响,而只有分子筛效应起作用,取决于相对分子质量,这种电泳方法称为十二烷基硫酸钠-聚丙烯酰胺凝胶电泳。

【实验器材】

1. 仪器

恒温振荡摇床或恒温水浴振荡摇床,低温离心机,超净工作台,电泳仪,垂直电泳槽。

2. 材料与试剂

（1）筛选出的含重组质粒的大肠杆菌工程菌株

（2）LB培养基

（3）50mg/ml氨苄青霉素（Amp）

（4）SDS-PAGE所需试剂

1）上层胶缓冲液:0.5mmol/L Tris-HCl,pH6.8。

2）下层胶缓冲液:1.5mmol/L Tris-HCl,pH8.9。

3）10% SDS（m/V）。

4）10%过硫酸铵（AP）（m/V）。

5）30%丙烯酰胺（Acr）母液（m/V）:丙烯酰胺29.2g,N,N'-亚甲基双丙烯酰胺0.8g,加双蒸水60ml,37℃左右搅拌溶解后,用双蒸水定容到100ml,滤纸过滤后装于棕色瓶,存于4℃冰箱。

6）5×SDS-PAGE Tris-甘氨酸电泳缓冲液:Tris碱15.1g,甘氨酸94g,5g SDS,加双蒸水800ml溶解后,加双蒸水定容至1 000ml。

7）2×SDS-PAGE凝胶加样缓冲液（表10-1）。

表10-1　2×SDS-PAGE加样缓冲液

成　　分	用量/ml
0.5mmol/L Tris-HCl（pH6.8）	2
甘油	2
10% SDS（电泳级）	4
0.1%溴酚蓝	0.5
巯基乙醇	1.0
双蒸水	0.5

8）0.1%考马斯亮蓝染色液:0.2g考马斯亮蓝R250,84ml 95%乙醇,20ml冰醋酸,加水至200ml。

9）凝胶脱色液:95%乙醇:冰醋酸:水=4.5:0.5:5（$V:V:V$）。

（5）低分子质量蛋白质Marker:为6种蛋白质混合物,分子质量为14.4~97.4kDa。经过SDS-PAGE,用考马斯亮蓝染色后可以得到分布均匀、密度相近的6条带,用来判断电泳后蛋白质的分子质量（表10-2）。

表10-2　低分子质量标准蛋白Marker的组成

蛋白质名称	分子质量/Da
兔磷酸化酶B	97 400
牛血清白蛋白	66 200
兔肌动蛋白	43 000
牛磷酸酐酶	31 000
胰蛋白酶抑制剂	20 100
鸡蛋清溶菌酶	14 400

【实验步骤】

为什么鉴定到的阳性克隆先培养到对数生长期再诱导表达？

1. 诱导表达

鉴定后的阳性克隆，30～32℃培养到对数生长期，42℃培养过夜诱导蛋白质表达，用不含重组质粒的菌作阴性对照。

2. 安装电泳槽

将洗净晾干的玻璃板放入平板电泳槽中，架好胶板。

3. 12%分离胶制备和灌胶

从冰箱中取出储备液平衡到室温后，按表10-3配制分离胶，混匀后立即加入电泳槽两玻璃板之间，留出梳齿的齿高加1cm的空间以便灌注浓缩胶。轻轻加一层蒸馏水以防止因氧气扩散进入凝胶而抑制聚合反应，同时保持胶面平整。待分离胶聚合完全后（30～40min），倾出覆盖水层。

表10-3　12%下胶（分离胶）和4%上胶（浓缩胶）组分

	蒸馏水/ml	缓冲液/ml	30%Acr/ml	10%SDS/μl	10%AP/μl	TEMED/μl	总体积/ml
下胶	3.4	2.5	4.0	100	50	5	约10
	5.0	3.8	6.0	150	75	7.5	约15
上胶	2.44	1.0	0.52	40	20	4	约4
	3.05	1.25	0.65	50	25	5	约5

4. 4%浓缩胶制备和灌胶

浓缩胶的作用是什么？

按表10-3比例配好浓缩胶，混匀后立即灌注到分离胶上，在两个玻璃板间插入梳子。待浓缩胶凝固后（20～30min），将梳子小心拔出，用水冲洗加样槽以除去未聚合的丙烯酰胺，用针头把加样槽之间的胶齿弄直，并在电泳槽内加入Tris-甘氨酸电泳缓冲液。

5. 样品处理

诱导过夜的菌液和对照菌液各1ml加入EP管中，10 000r/min离心1min，沉淀细胞。弃上清，加50μl双蒸水悬浮细胞，加50μl 2×上样缓冲液,将EP管放入沸水中加热5～10min。

6.上样

处理后的样品10 000r/min离心1min,用微量移液器取上清20～30μl上样。同时阳性对照、阴性对照及标准分子质量蛋白质各上一个样。

样品处理的目的是什么?

7.电泳

浓缩胶恒压为80V,样品进入分离胶后恒压120V,直到溴酚蓝走至前沿为止。

8.染色与脱色

电泳结束后,将胶板从电泳槽中取出,小心从玻璃板中取下凝胶,浸泡于染色液中染色3～5h,把染色液倒回瓶中回收,然后用脱色液脱色4～8h,其间更换脱色液3～4次,至条带清晰为止。拍照,观察并分析表达情况。

电极方向应当如何连接?

与阴性对照的样品相比较,诱导样品中新出现的或含量明显增加的且与目的蛋白理论分子质量相当的蛋白条带,即为目的基因表达的目的蛋白。

【注意事项】

1.丙烯酰胺是有毒试剂,操作时务必小心,切勿接触皮肤或溅入眼内,操作后注意洗手。

2.电泳时注意电极不要接反。

3.过硫酸铵应新鲜配制,最好一周内使用。

【部分结果参考图】

阳性克隆诱导表达产物的SDS-PAGE鉴定见图10-1。

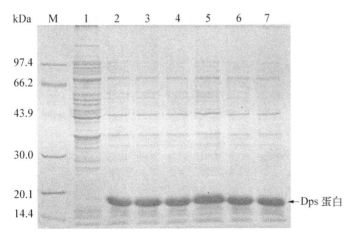

图10-1　阳性克隆诱导表达产物的SDS-PAGE鉴定

M.低分子质量蛋白质Marker；1.未诱导的pBV220全菌蛋白；

2～7.诱导的阳性克隆全菌蛋白

【问题讨论】

1. 外源基因在宿主细胞中表达的原理是什么？
2. 什么因素会影响外源基因在大肠杆菌中的表达效率？

蛋白质印迹法鉴定目的蛋白

【实验目的】

1. 掌握蛋白质印迹(Western Blotting)的实验原理。
2. 掌握转膜的基本操作程序。

【实验原理】

将蛋白质混合样品经SDS-PAGE后,分离为不同条带,其中含有能与特异性抗体(或单抗)发生特异性反应的待测蛋白质(抗原),将SDS-PAGE胶上的蛋白质条带转移到NC膜上,此过程称为蛋白质印迹,以利于随后的检测。

蛋白质经SDS-PAGE分离后,必须从凝胶中转移到固相支持物上,固相支持物具有牢固结合蛋白质的能力且不影响蛋白质抗原活性。常用的支持物有NC膜(硝酸纤维素膜)或PVDF膜(聚偏二氟乙烯膜)。蛋白质从凝胶向膜转移的过程普遍采用电转印法。

将转移后的NC膜与特异性抗体一起孵育,使第一抗体与待检的特异蛋白抗原条带结合,再经酶标的第二抗体(抗抗体)反应,即可检测到样品中的待测蛋白质(抗原)。

【实验器材】

1. 仪器

转移电泳槽和转移电泳仪,水平摇床。

2. 材料与试剂

(1) 2.5×电转移缓冲液:Tris 3.03g,甘氨酸14.4g,甲醇200ml,双蒸水定容至1 000ml,4℃避光保存,稀释5倍使用。

(2) 封闭液:脱脂奶粉5g,50ml TBST缓冲液溶解,定容至100ml,4℃避光保存,现用现配。

(3) TBS缓冲液:1mol/L Tris-HCl(pH7.5)10ml,NaCl 8.8g,双蒸水定容至1 000ml,4℃避光保存。

(4) TBST缓冲液:20% Tween 20 1.65ml,TBS缓冲液700ml,混匀即可,4℃避光保存。

(5) 第一抗体(Ab1):Dps蛋白免疫后的小鼠抗血清或抗His单抗。

（6）第二抗体（标记的Ab2）：辣根过氧化物酶（HRP）标记的兔抗鼠抗体。

（7）漂洗液（TBST）：0.01mol/L TBST（Tris 1.21g，NaCl 5.84g，800ml H_2O），用HCl调节pH到7.5，加入0.05% Tween 20，用H_2O定容至1 000ml。

（8）DAB显色试剂盒。

（9）滤纸。

（10）NC膜。

【实验步骤】

1. 表达产物的SDS-PAGE

取制备的菌体蛋白或纯化蛋白进行SDS-PAGE。SDS-PAGE结束，取出凝胶。切掉一小条进行考马斯亮蓝染色，用于蛋白质电泳检测对照，其余的用于转膜。

2. 转膜、封闭及抗体结合

（1）将NC膜和20张滤纸切成与凝胶一样大小。由于后续实验步骤要求膜正面始终与胶、试剂接触，而膜一旦浸湿就难以辨别正反，因此选取膜正面（光滑面）用铅笔做出标记。随后对膜进行活化，活化步骤为：依次浸入甲醇液10s、去离子水5min、1×转移缓冲液10min左右。滤纸和胶也分别在1×转移缓冲液中浸泡10min以上。

转膜时膜应该放在靠近正极还是负极一侧？为什么？

（2）按负极-海绵-滤纸-胶-膜-滤纸-海绵-正极顺序放置到半干槽中。注意：每一层之间不能有气泡，先用镊子镊取滤纸，放在海绵中间，放完10层滤纸后，用玻璃棒将胶小心铺于其上，然后放膜，膜正面贴胶，再放10层滤纸。可以用10ml吸管轻轻在上一层滚动去除气泡。放上阳极电极板。

（3）转膜：转膜过程应在低温下进行，可以用冰袋将电泳装置围住，或将电极液置于冰浴中，或直接在4℃冰箱中进行转膜，40V，转膜1h。转膜结束后，将转完膜的凝胶进行考马斯亮蓝染色，以确定转膜是否彻底。

封闭的目的是什么？

（4）封闭：将膜光面朝上浸于封闭液中，室温振荡封闭2h。

（5）洗涤：将膜光面朝上浸于TBST中，摇床振荡洗3次，每次10min。

（6）结合一抗：取1ml封闭液、9ml TBST，加2μl一抗，混合均匀。将膜光面面向结合液，室温摇床振荡孵育3.5h，一抗的结合时间越长越好。

（7）洗涤：将膜浸于TBST中（膜光面朝上），摇床振荡洗3次，每次10min。

（8）结合二抗：HRP标记的兔抗鼠二抗与膜结合，方法同一抗结合步骤，室温摇床振荡1h。

（9）洗涤：将膜浸于TBST中（膜光面朝上），摇床振荡洗3次，每次 10min。

3. 显色

（1）DAB 显色液的配制：按照 1ml H_2O 加显色剂 A、B、C 各 1 滴，混匀（不同公司产品方法可能有差异）。

（2）显色：将适量 DAB 显色液平铺在与二抗杂交后的印迹膜上，在避光条件下进行染色，应当出现明显的棕褐色特异性蛋白显色带。

（3）终止：用 Tris-HCl 缓冲液或水漂洗杂交膜即可终止反应。

（4）膜的保存：染色成功后，对膜进行拍照，用干净的擦镜纸包好后避光保存。

非特异条带出现的原因是什么?

【注意事项】

1. 免疫印迹杂交的敏感与检测系统有关。因此凝胶电泳时的蛋白质上样量应该保证被检测抗原量不至于太低，如果过低应该重新纯化和浓缩后再使用，也可做梯度稀释测试适当浓度。

2. 转膜时应依次放好 NC 膜与凝胶所对应的电极，即凝胶对应负极，NC 膜对应正极。

3. 进行蛋白质印迹时，转膜时间与目的蛋白分子质量大小关系密切。与一抗和二抗结合时间和条件也会因蛋白质以及印迹产品生产厂家的不同而有所不同，实际操作时需要摸索出最佳条件才能得到最好结果。

【部分结果参考图】

Dps 蛋白的 SDS-PAGE（左）和蛋白免疫印迹（右）见图 11-1。

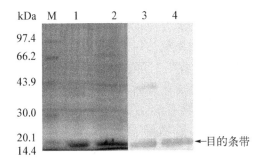

图 11-1 Dps 蛋白的 SDS-PAGE（左）和蛋白免疫印迹（右）

M. 低分子质量蛋白质 Marker；1. 纯化后 Dps 蛋白的 SDS-PAGE；
2. 诱导工程菌全菌蛋白 SDS-PAGE；3. 全菌蛋白的免疫印迹；
4. 纯化 Dps 蛋白的免疫印迹

【问题讨论】

1. 如何判断蛋白质印迹结果的好坏?

2. 有针对性地解决哪些问题，可以使蛋白质印迹结果达到最佳?

实验十二

细胞中总RNA的提取

【实验目的】

1. 掌握TRIzol法提取RNA的原理、方法。
2. 掌握影响获得高质量RNA的相关因素。
3. 掌握RNA电泳检测的方法。

【实验原理】

DNA、RNA和蛋白质是重要的生物大分子。DNA的遗传信息决定生命的主要性状，是遗传信息的保存者，而mRNA作为信使在遗传信息传递中起着很重要的作用，以其为模板表达出的蛋白质是生命活动的最终执行者。其他两大类RNA——rRNA和tRNA同样在蛋白质生物合成中发挥着不可替代的作用。真核生物的大部分基因都由内含子和外显子组成，当从DNA转录成mRNA后，切除内含子，并将外显子拼接形成能够翻译蛋白质的模板。所以，直接获得真核生物细胞中具有翻译成蛋白质功能的基因或开放阅读框（open reading frame，ORF）的主要方法即提取mRNA或者总RNA。

TRIzol法是目前最常用的提取总RNA的方法，TRIzol试剂所含主要成分是异硫氰酸胍，它可以破坏细胞使RNA释放出来，同时保护RNA的完整性。加入氯仿后离心，样品分成水样层和有机层，RNA存在于水样层中。收集上面的水样层后，RNA可以通过异丙醇或乙醇沉淀获得。总RNA获得后，如果想进一步获得mRNA，可以根据绝大多数mRNA都含有ploy（A）尾巴的特征对其进行分离。

无论是人、动物、植物还是细菌，TRIzol法对少量的组织（50～100mg）和细胞（5×10^6）以及大量的组织（≥1g）和细胞（>10^7）均有较好的分离效果。TRIzol试剂操作上的简单性允许同时处理多个样品。所有的操作可以在1h内完成。TRIzol法抽提的总RNA能够避免DNA和蛋白质的污染，故而能够用于RNA印迹分析、斑点杂交、poly（A）+选择、体外翻译、RNA酶保护分析和分子克隆等后续实验。

RNA检测分为完整性和纯度（电泳）检测及浓度（分光光度计）检测。实际上电泳检测也可以初步判定浓度，分光光度计检测也可以用来初步判断纯度。电泳可以用普通琼脂糖凝胶电泳，与DNA一样。

【实验器材】

1. 仪器

低温高速离心机,玻璃匀浆器。

2. 材料与试剂

(1) 氯仿,异丙醇,75%乙醇,甲醛,去离子甲酰胺,无 RNase 的水或 0.5% SDS(溶液均需用 DEPC 处理过的水配制)。

(2) 提取 RNA 的细胞或组织。

(3) RNA 电泳试剂:MOPS 缓冲液(10×):0.4mol/L 吗啉代丙烷磺酸(MOPS),0.1mol/L NaAc,10mol/L EDTA,pH7.0。

(4) 上样液:50% 甘油,1mmol/L EDTA,0.4% 溴酚蓝,0.4% 二甲苯蓝。

【实验步骤】

1. 总 RNA 的提取

(1) 匀浆。

组织:将组织在液氮中磨碎,每 50～100mg 组织加入 1ml TRIzol 试剂,用玻璃匀浆器进行匀浆处理。样品体积不应超过 TRIzol 试剂体积的 10%。

单层培养细胞:直接在培养板中加入 TRIzol 试剂裂解细胞,每 $10cm^2$ 面积(即 3.5cm 直径的细胞培养板)加 1ml,用移液器吸打几次。TRIzol 试剂的用量应根据细胞培养板面积而定,不取决于细胞数。TRIzol 试剂加量不足可能导致提取的 RNA 有 DNA 污染。

细胞悬液:离心收集细胞,每 $(5～10)×10^6$ 动物、植物、酵母细胞或 $1×10^7$ 细菌细胞加入 1ml TRIzol 试剂,反复吸打。加 TRIzol 试剂之前不要洗涤细胞以免 mRNA 降解。一些酵母和细菌细胞需用玻璃匀浆器进行破壁处理。

(2) 将匀浆样品在室温(15～30℃)放置 5min,使核酸蛋白复合物完全分离。

(3) 每使用 1ml TRIzol 试剂加入 0.2ml 氯仿,剧烈振荡 15s,室温放置 10min。

(4) 2～8℃ 10 000g 离心 15min。样品分为三层:底层为黄色有机相,上层为无色水相和中间层。RNA 主要在水相中,水相体积约为所用 TRIzol 试剂的 60%。

(5) 把水相转移到新管中,如要分离 DNA 和蛋白质可保留有机相,进一步操作见后。用异丙醇沉淀水相中的 RNA。每使用 1ml TRIzol 试剂加入 0.5ml 异丙醇,室温放置 10min。

(6) 2～8℃ 10 000g 离心 10min,离心前看不出 RNA 沉淀,离心后在管侧和管底出现胶状沉淀。移去上清。

（7）用75%乙醇洗涤RNA沉淀。每使用1ml TRIzol试剂至少加1ml 75%乙醇。2～8℃ 10 000×g离心10min,弃上清。

（8）室温放置干燥或真空抽干RNA沉淀,晾5～10min即可。过于干燥会导致RNA的溶解性大大降低。

（9）加入25～200μl无RNase的水,用枪头吹打几次,55～60℃放置10min使RNA溶解。备用。

2. RNA电泳检测

（1）电泳槽及用具清洗:用去污剂洗干净(一般浸泡过夜),水冲洗,70%乙醇冲洗后晾干,3% H_2O_2灌满于室温放置10min,0.1% DEPC水冲洗,晾干备用。

（2）配制琼脂糖凝胶。称取0.5g琼脂糖,置于干净的100ml锥形瓶中,加入40ml蒸馏水,微波炉内加热使琼脂糖彻底溶化。

待凝胶凉至60～70℃,依次向其中加入9ml甲醛、5ml 10×MOPS缓冲液和0.5μl溴化乙锭,混合均匀。

灌制琼脂糖凝胶。

（3）样品准备:取DEPC处理过的500μl小离心管,依次加入10×MOPS缓冲液2μl、甲醛3.5μl、甲酰胺(去离子)10μl、RNA样品4.5μl,混匀。

将离心管置于60℃水浴中保持10min,再置于冰上2min。

向管中加入3μl上样缓冲液,混匀。

（4）上样。

（5）电泳:电泳槽内加入1×MOPS缓冲液,于7.5V/ml电压下电泳。

（6）电泳结束后,在紫外线灯下观察结果。

【注意事项】

1. 从少量样品(1～10mg组织或10^2～10^4细胞)中提取RNA时可加入少许糖原以促进RNA沉淀。例如,加800μl TRIzol试剂匀浆样品,沉淀RNA前加5～10μg RNase糖原。糖原会与RNA一同沉淀出来,糖原浓度不高于4mg/ml不影响第一链的合成,也不影响PCR反应。

2. 匀浆后加氯仿之前样品可以在-70～-60℃保存至少一个月。RNA沉淀可以保存于75%乙醇中2～8℃条件下一周以上或-20℃至-5℃条件下一年以上。

3. 分层和RNA沉淀时也可使用台式离心机,10 000 r/min离心30～60min。

4. 预防RNase造成的RNA降解。

【问题讨论】

怎样提高RNA提取收率?

实验十三

逆转录PCR获取目的基因

【实验目的】

1. 掌握逆转录PCR（RT-PCR）的原理及方法。
2. 通过RT-PCR获取目的基因。

【实验原理】

逆转录PCR（reverse transcription PCR，RT-PCR）或者称反转录PCR，是聚合酶链反应（PCR）广泛应用的一种拓展。在RT-PCR中，一条RNA链被逆转录成为互补DNA（cDNA），再以此互补DNA为模板通过PCR进行DNA扩增。以RNA为模板转录为互补DNA，由依赖RNA的DNA聚合酶（逆转录酶）来催化完成。

对于真核基因来说，通过逆转录PCR可以获得目的基因的不含内含子的基因序列。

【实验器材】

1. 仪器

PCR仪，电泳仪，电泳槽。

2. 材料与试剂

（1）逆转录引物oligo-dT。

（2）PCR试剂（同实验四）。

（3）电泳试剂（同实验五）。

【实验步骤】

1. 逆转录

（1）取2μg总RNA，用DEPC（diethylpyrocarbonate）处理水稀释至12.5μl，然后加入1μl逆转录引物oligo-dT（500μg/ml）和1μl dNTP（10mmol/L），混匀后离心一次。

（2）将上述混合物放于65℃水浴中保温5min，然后冰浴5min。

（3）上述冰浴5min后的反应产物中加入下列试剂：

5×buffer	4μl
Erasol Ⅱ	1μl

M-MLV（200U/μl）　　　　0.5μl

混匀后瞬时离心。

（4）将第3步混匀后的反应产物，放于37℃水浴中保温60min，进行逆转录反应。

5）逆转录完毕后将样品70℃水浴15min，灭活逆转录酶，保存于-20℃备用或进行PCR反应（此为逆转录获得的cDNA第一链，可以用作PCR反应的模板）。

2. PCR扩增目的基因

同PCR，只是模板换为逆转录产物。

3. 电泳检测PCR产物

实验方法同实验五。

【注意事项】

是否能逆转录扩增出目的基因，RNA的完整性非常重要。

【问题讨论】

1. 为什么要进行逆转录扩增目的基因？
2. 怎样才能保证扩增出目的基因？

实验十四

Dps融合表达载体的构建

【实验目的】

通过在大肠杆菌 *dps* 基因中插入酶切位点,构建Dps融合蛋白表达载体。

【实验原理】

在对GenBank数据库中大肠杆菌 *dps* 基因序列及Dps蛋白结构分析的基础上,选择在载体pBV-dps-6his中 *dps* 基因编码的Dps蛋白第107位酪氨酸和第108位苯丙氨酸之间插入一段长15bp的序列,其中包含了限制性内切核酸酶 *Xho* Ⅰ和 *Xba* Ⅰ的识别序列及3个保护性碱基,改造后的载体可在 *dps* 序列中插入新的目的基因,实现与Dps蛋白的融合表达。

分别设计两对特异性引物,通过两轮PCR,构建pBV-dps-2x-6his融合表达载体。第一对的正向引物使用 *dps-6his* 基因的正向引物(F_{dps}),反向引物(R_{a-dps})引入 *Xho* Ⅰ和 *Xba* Ⅰ酶切位点序列;第二对引物的正向引物(F_{b-dps})同样引入 *Xho* Ⅰ和 *Xba* Ⅰ酶切位点序列,反向引物使用原 *dps-6his* 基因的反向引物($R_{dps-6his}$)。

首先以pBV-dps-6his质粒为模板,分别用F_{dps}/R_{a-dps}和F_{b-dps}/$R_{dps-6his}$两对特异性引物进行第一轮PCR扩增,分别扩增出带有 *Xho* Ⅰ和 *Xba* Ⅰ酶切位点序列的 *dps* 基因的前后两个片段 *dps-a* 和 *dps-b*。然后再以F_{dps}和$R_{dps-6his}$为特异引物,以 *dps-a* 和 *dps-b* 片段共同作为模板,进行第二轮PCR,重叠扩增出 *dps-2x-6his* 全长基因。

【实验器材】

1. 仪器

恒温摇床,台式离心机,旋涡混合器。

2. 材料与试剂

(1)质粒提取试剂(同实验三)。

(2)PCR Master Mix(2×): 2 × *Taq* DNA Polymerase, 2 × PCR buffer, 2 × dNTP Mixture。

（3）PCR产物回收试剂（同实验四）。

（4）PCR产物回收试剂盒。

【实验步骤】

1. 引物设计与合成

第一对特异性引物序列

正向引物（F_{dps}）: 5'-CGGAATTCATGAGTACCGC-3'

反向引物（R_{a-dps}）: 5'-TCTAGAGGCCTCGAGGTAACTTTTCAG-3'

第二对特异性引物序列

正向引物（F_{b-dps}）: 5'-CTCGAGGCCTCTAGACCGCTGGACATC-3'

反向引物（R_{dps-6his}）: 5'-GCGGATCCTTAGTGATGATGATGATG ATGTTCGATGTTAGACTCG-3'

2. 第一轮PCR扩增及PCR产物纯化

PCR扩增体系为25μl，加样量按照表14-1和表14-2进行。

表14-1　*dps-a* 片段扩增体系

成　　分	用量/μl
双蒸水	9.5
模板（pBV-dps-6his质粒）	1.0
引物 F_{dps}	1.0
引物 R_{a-dps}	1.0
PCR Master Mix（2×）	12.5
总体积	25

表14-2　*dps-b* 片段的扩增体系

成　　分	用量/μl
双蒸水	9.5
模板（pBV-dps-6his质粒）	1.0
引物 F_{b-dps}	1.0
引物 R_{dps-6his}	1.0
PCR Master Mix（2×）	12.5μl
总体积	25μl

扩增参数如下：94℃预变性5min；94℃变性1min，50℃退火1min，72℃延伸30s，扩增33个循环；最后72℃延伸10min。

dps-a、*dps-b* 片段PCR产物经1%琼脂糖凝胶电泳分离后，利用试剂盒纯化回收。

3. 第二轮PCR扩增及PCR产物纯化

PCR扩增体系为100μl,加样量按照表14-3进行。

表14-3　*dps-2x-6his*基因扩增体系

成　　分	用量/μl
双蒸水	46
*dps-a*片段	1.0
*dps-b*片段	1.0
引物F$_{dps}$	1.0
引物R$_{dps-6his}$	1.0
PCR Master Mix(2×)	50
总体积	100

扩增参数:94℃预变性5min;94℃变性1min,55℃退火1min,72℃延伸1min,扩增33个循环;最后72℃延伸10min。

PCR产物经1%琼脂糖凝胶电泳分离,使用试剂盒纯化回收*dps-2x-6his*基因片段。

4. pBV-dps-2x-6his原核表达载体的构建

(1)pBV220质粒的提取:从含有pBV220质粒的大肠杆菌中提取pBV220质粒。

(2)*dps-2x-6his*基因及pBV220质粒的双酶切和回收:将纯化的*dps-2x-6his* PCR产物和提取的pBV220质粒同时用*EcoR*Ⅰ和*BamH*Ⅰ进行双酶切。双酶切反应体系见表14-4。

表14-4　双酶切反应体系

成　　分	质粒/μl	PCR产物/μl
双蒸水	5	5
10×buffer(Tango)	3	3
*EcoR*Ⅰ	1	1
*BamH*Ⅰ	1	1
DNA	30	20
总体积	40	30

37℃水浴酶切过夜。

酶切产物经1%琼脂糖凝胶电泳分离后,用试剂盒纯化回收目的片段。

(3)重组和转化:pBV220质粒及*dps-2x-6his*基因片段经过双酶切及纯化后,进行连接。连接体系见表14-5。

表14-5   连接体系

成　　分	用量/μl
dps-2x-6his 基因双酶切产物	6
pBV220 质粒双酶切产物	2
10×buffer	1
T₄ DNA 连接酶	1
总体积	10

16℃水浴连接16h。连接物的转化同实验八。

5. pBV-dps-2x-6his重组子的鉴定

（1）菌体PCR鉴定：用无菌牙签挑取数个阳性单克隆菌落，分别接种于含Amp的5ml LB液体培养基中，37℃振荡培养4h后，取1μl菌液作模板，利用引物F_{dps}和$R_{dps-6his}$进行菌体PCR。菌体PCR鉴定反应体系见表14-6。

表14-6   菌体PCR鉴定反应体系

成　　分	用量/μl
双蒸水	2
模板（菌液）	1
引物F_{dps}	1
引物$R_{dps-6his}$	1
PCR Master Mix（2×）	5
总体积	10

扩增参数：94℃预变性5min；94℃变性1min，55℃退火1min，72℃延伸1min，扩增33个循环；最后72℃延伸10min。

（2）目的蛋白诱导表达鉴定：将经菌体PCR筛选出的阳性克隆菌液各取50μl加到含有5ml LB液体培养基（Amp为50μg/ml）的试管中，37℃培养至对数生长期，转移至42℃水浴摇床，诱导表达Dps-2x-6His蛋白，离心，收沉淀并用200μl双蒸水重悬，制样进行SDS-PAGE分析。

（3）表达载体双酶切鉴定：将经过菌体PCR扩增和目的蛋白诱导表达鉴定为阳性的单克隆菌接种在3ml LB液体培养基中，37℃过夜培养，收集菌体，提取质粒，用EcoR Ⅰ、BamH Ⅰ进行双酶切鉴定。

【注意事项】

双酶切需要注意使用合适的缓冲液，使两种酶都保持比较高的活性。

【部分结果参考图】

PCR扩增产物琼脂糖凝胶电泳见图14-1。阳性克隆的菌体PCR鉴定见图14-2。阳性克隆菌诱导表达全菌蛋白的SDS-PAGE见图14-3。pBV-dps-2x-6his重组子鉴定结果见图14-4。

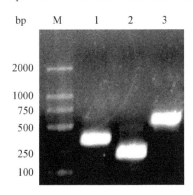

图14-1　PCR扩增产物琼脂糖凝胶电泳

1. PCR扩增*dps-a*片段；2. PCR扩增*dps-b*片段；3. PCR扩增*dps-2x-6his*；
M. DL2000 DNA Marker

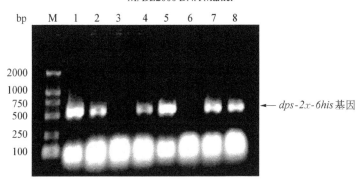

← *dps-2x-6his*基因

图14-2　阳性克隆的菌体PCR鉴定

1～8. 1～8号克隆菌株的菌体PCR产物；M. DL2000 DNA Marker

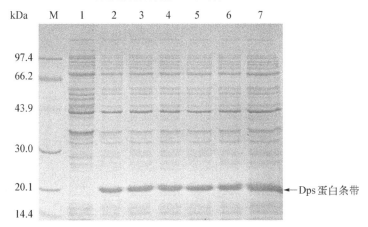

→ Dps 蛋白条带

图14-3　阳性克隆菌诱导表达全菌蛋白的SDS-PAGE

1. 未诱导的空载质粒菌体全菌蛋白对照；2～7. 诱导的2～7号单克隆菌体全菌蛋白；
M. 低分子质量蛋白质 Marker

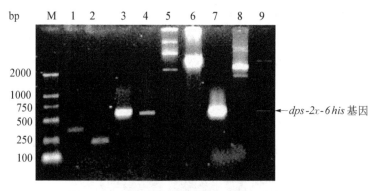

图14-4　pBV-dps-2x-6his重组子鉴定结果

1. *dps-a*片段；2. *dps-b*片段；3. *dps-2x-6his*基因；4. *dps-2x-6his*基因双酶切产物；
5. pBV220质粒；6. 质粒pBV220酶切产物；7. 菌体PCR产物；
8. pBV-dps-2x-6his重组载体；9. pBV-dps-2x-6his酶切产物；
M. DL2000 DNA Marker

【问题讨论】

本实验中怎样改造了Dps的基因，并在其中插入了两种限制性内切酶的识别序列？

实验十五

目的基因与融合表达载体重组、Dps融合蛋白诱导表达及检测

【实验目的】
将目的基因与融合表达载体重组,筛选阳性克隆进行Dps融合蛋白的表达和检测。

【实验原理】
融合蛋白(fusion protein)是指根据实际需要,通过DNA重组技术将两个基因或片段重组后进行表达的蛋白质。进行融合蛋白表达时一般是在目的蛋白的N端或C端根据需要连接上一段其他蛋白质或多肽序列。蛋白融合表达的目的很多,如对目的蛋白进行特殊标记,将信号肽引入目的蛋白,为了提高目的蛋白的表达效率,增大目的蛋白的分子质量,表达小分子蛋白质,将相关抗原表位进行多表位组合等。

融合表达载体pBV-dps-2x-6his的 *2x* 是 *Xho* Ⅰ和 *Xba* Ⅰ两个限制性内切酶酶切位点,经双酶切和酶连后可将目的基因插入 *2x* 位置,形成融合了 *dps* 的目的基因表达载体(pBV-dps-目的基因-6his),进而可诱导表达Dps融合蛋白。

【实验器材】
1. 仪器
恒温振荡摇床,恒温水浴振荡摇床,低温离心机,超净工作台,电泳仪,垂直电泳槽。
2. 材料与试剂
(1)限制性内切核酸酶: *Xho* Ⅰ和 *Xba* Ⅰ。
(2)其他相关试剂同实验十。
(3)含pBV-dps-2x-6his工程菌。
(4)大肠杆菌DH5α菌株。

【实验步骤】
1. 引物设计
根据需要融合的目的基因序列设计两对特异性引物,并将

Xho I（5′-GC$CTCGAG$-3′）和Xba I（5′-GC$TCTAGA$-3′）酶切位
点序列分别引入目的基因的5′和3′端,并添加2～3个保护性碱基。

2. PCR扩增目的基因

体系和程序参考实验四。

3. pBV-dps-2x-6his质粒提取

参考实验三。

4. 目的基因和载体重组

目的基因和质粒分别用Xho I和Xba I双酶切。双酶切体系见
表15-1。

表15-1　双酶切反应体系

成　　分	质粒/μl	目的基因/μl
双蒸水	4	5
10×buffer（Tango）	4	3
Xho I	1	1
Xba I	1	1
DNA	30	20
总体积	40	30

37℃水浴酶切过夜。

双酶切产物经1%琼脂糖凝胶电泳分离后,用试剂盒纯化回收目
的片段,用T₄连接酶连接。

5. 转化及阳性克隆筛选

可以用菌体PCR或酶切鉴定阳性克隆。

6. 诱导表达

将2ml阳性克隆的菌液,分别接种于两瓶200ml LB液体培养基
（含Amp 50μg/ml）中,37℃培养至对数生长期,然后将其中一瓶转移
至42℃水浴摇床,诱导表达Dps融合蛋白,另一瓶继续于37℃培养
12h后,分别收集两瓶菌液,4℃ 12 000r/min离心15min,弃上清。

7. 融合蛋白表达形式的鉴定

（1）破碎:沉淀用6ml的0.1mol/L PB（pH7.4）缓冲液重悬,冰
浴条件下超声破碎,每次超声15s,间隔30s,共超声30个循环,4℃
12 000r/min离心30min,分别收集上清与沉淀。

（2）电泳检测:取50μl上清,加入等体积2×SDS-PAGE上样缓
冲液,沉淀部分加3ml的0.1mol/L PB（pH7.4）缓冲液重悬并吹打至
无颗粒后,取出50μl,加入等体积2×SDS-PAGE上样缓冲液,煮沸
10min,离心10min,进行SDS-PAGE分析。

（3）根据电泳结果确定Dps融合蛋白是可溶性表达还是包涵体
表达。

（4）分离纯化融合蛋白参照实验十六。

【注意事项】

引物设计时要在目的基因 5′ 端和 3′ 端特异性序列的基础上引入正确的酶切位点和保护性碱基。

【问题讨论】

1. 为什么要进行蛋白质的融合表达？

2. 融合表达的蛋白质是否会影响蛋白质功能？如何解决？

实验十六

目的蛋白的分离纯化

【实验目的】
1. 掌握亲和层析纯化蛋白质的工作原理。
2. 掌握从细菌中纯化含 His-Tag 蛋白质的技术方法。

【实验原理】
金属螯合亲和层析,又称固定金属离子亲和色谱,其纯化原理是利用蛋白质表面的组氨酸标签能与多种过渡金属离子如 Cu^{2+}、Zn^{2+}、Ni^{2+}、Co^{2+}、Fe^{3+} 形成配位相互作用,吸附富含这类氨基酸的蛋白质,从而达到分离纯化的目的。因此,固定有这些金属离子的琼脂糖凝胶就能够选择性地纯化这类含有多个组氨酸的蛋白质或多肽。

有些蛋白质可在培养基中分泌表达,也有些蛋白质在细菌或其他细胞中表达效率很高,导致无法正确折叠,与宿主蛋白包裹在一起,形成难溶的蛋白复合体,称为包涵体。这些蛋白质的溶解通常需要用盐酸胍或尿素等变性剂处理,在变性条件下纯化。与 MBP 和 GST 的亲和层析材料相比,NTA 树脂可以在 8mol/L 尿素存在的情况下与具有 His-Tag 的蛋白质结合。

因为整个层析过程都在有尿素的条件下进行,纯化后的蛋白质一般需要通过透析去除高浓度尿素实现复性,只有正确复性的蛋白质才有良好的生物学活性。

> 包涵体表达的基因工程蛋白有什么优缺点?

【实验器材】
1. 仪器
水平摇床,Ni-NTA 层析柱。
2. 材料与试剂
(1) 层析试剂
1) 1×LEW 结合缓冲液(1L):

8mol/L 尿素	480.5g 尿素
100mmol/L NaH_2PO_4	13.8g NaH_2PO_4
100mmol/L Tris-HCl	12.1g Tris-HCl

用 NaOH 调节 pH 到 8.0。

2）1×LEW洗涤缓冲液：

8mol/L尿素	480.5g尿素
100mmol/L NaH$_2$PO$_4$	13.8g NaH$_2$PO$_4$
100mmol/L Tris－HCl	12.1g Tris－HCl
25mmol/L 咪唑	1.7g 咪唑

用NaOH调节pH到8.0。

3）1×LEW洗脱缓冲液：

8mol/L尿素	480.5g尿素
100mmol/L NaH$_2$PO$_4$	13.8g NaH$_2$PO$_4$
100mmol/L Tris－HCl	12.1g Tris－HCl
250mmol/L 咪唑	17.0g 咪唑

用NaOH调节pH到8.0。

4）20mmol/L PB缓冲液（pH7.4）。

（2）含重组质粒的工程菌。

【实验步骤】

1. 蛋白诱导表达和包涵体的制备

（1）培养菌体及诱导表达目的蛋白：20ml LB培养基（Amp为50μg/ml）中接种200μl工程菌菌液，37℃、220r/min培养过夜，将培养过夜的菌液按2ml/瓶转接到4瓶200ml/瓶的LB培养基（Amp为50μg/ml）中，37℃培养至对数生长期，转为42℃水浴摇床诱导表达过夜。

（2）收集菌体：用50ml离心管收集上述诱导菌液，于4℃12 000r/min离心15min，收集菌体沉淀，用6ml PB（pH7.4）缓冲液重悬沉淀，冰浴条件下超声破碎菌，每次超声15s，间隔30s，共超声30个循环，于4℃12 000r/min离心30min，经SDS－PAGE分析上清和沉淀组分内的蛋白质，如目的蛋白在上清中即为可溶性表达，可以直接进行蛋白质纯化操作；如果目的蛋白存在于沉淀组分中即为包涵体形式表达，可弃上清，留沉淀，进行包涵体制备。

（3）包涵体样品组分制备：沉淀用1mol/L NaCl（用pH7.4的PB或直接用蒸馏水配制）冲洗2次，4℃12 000r/min离心30min。再用3ml PB缓冲液重悬，必须吹打均匀至无颗粒，然后将包涵体悬液转移至15ml量筒中，取研磨成细粉末的脲，一点点加入量筒中，边加边搅拌，直至溶液变透亮（体积约扩大1/3），如有沉淀可25℃12 000r/min离心30min，上清直接用于蛋白质纯化。

2. 目的蛋白（Dps-6his蛋白或Dps融合蛋白）的纯化

（1）清洗Ni－NTA层析柱。先用3～5个柱床体积的高浓度咪唑洗柱子，然后再用3个柱床体积1mol/L NaCl洗柱。再用3个柱床体积的双蒸水冲洗柱子。

（2）用5个柱床体积的pH7.5的结合缓冲液（如是包涵体要含6mol/L脲，下同）洗柱子。

（3）向柱子中加入2ml待纯化蛋白溶液，用EP管收集，标记为"穿过组分1""穿过组分2"等。

（4）用洗涤缓冲液洗柱子2～3个柱体积，用EP管收集，标记为"非特异性洗脱组分1""非特异性洗脱组分2"等。

（5）用含有不同咪唑浓度的洗脱缓冲液洗柱子，每个咪唑浓度洗2～3个柱体积，用EP管收集洗脱液，标记为"特异性洗脱组分1""特异性洗脱组分2""特异性洗脱组分3""特异性洗脱组分4"等。

3. 亲和层析柱的清洗

用1mol/L NaCl洗柱子5个柱体积，用蒸馏水洗5个柱体积，再用20%乙醇洗5个柱体积，最后柱子在20%乙醇中于4℃条件下保存。

4. 蛋白质检测和透析

将全菌蛋白及纯化过程中每一步收集的样品通过SDS-PAGE鉴定是否纯化出目的蛋白。

根据电泳结果确定目的蛋白组分，用含一定浓度脲的PBS或TBS缓冲液逐步将脲透析掉，一般透析到2mol/L（如果是可溶性表达的蛋白质可省略此步）。纯化蛋白测定浓度后分装，−20℃保存。

【注意事项】

1. 过柱前样品必须澄清、无颗粒物，否则会堵塞柱子。

2. 纯化前柱子一定要彻底洗干净，以免纯化失败。纯化过程中的注射操作应缓慢，注射时使用一次性注射器，可以用封口膜将柱接口处缠住，以防液体流出，如有少量溢出，可用滤纸吸干。

【部分结果参考图】

Dps蛋白表达形式的SDS-PAGE鉴定见图16-1。分离纯化的Dps蛋白的SDS-PAGE见图16-2。阳性克隆诱导表达后的SDS-PAGE见图16-3。分离纯化的Dps融合蛋白SDS-PAGE鉴定见图16-4。

【问题讨论】

1. 什么情况下溶液或缓冲液中要加6mol/L脲？什么情况下不加？为什么？

2. 如何判断蛋白质纯化效果的好坏？怎样才能提高纯化蛋白质的纯度？

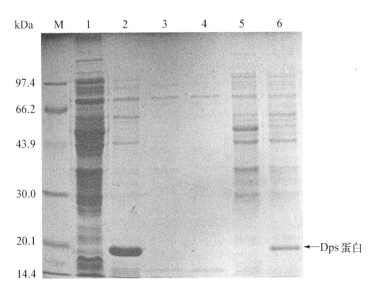

图16-1　Dps蛋白表达形式的SDS-PAGE鉴定

M. 低分子质量蛋白质Marker；1. 未诱导的工程菌全菌蛋白；2. 诱导的工程菌全菌蛋白；
3. 未诱导的工程菌上清组分；4. 诱导的工程菌上清组分；5. 未诱导的工程菌沉淀组分；
6. 诱导的工程菌沉淀组分（包涵体）

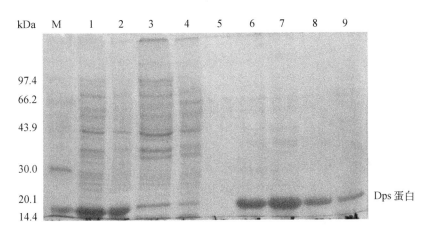

图16-2　分离纯化的Dps蛋白的SDS-PAGE

M. 低分子质量蛋白质Marker；1. 诱导的工程菌全菌蛋白；2. 诱导的工程菌沉淀组分（包
涵体）；3,4. 穿过组分1、2；5. 非特异性洗脱组分；6～9. 特异性洗脱组分1～4。

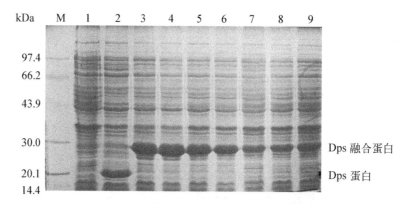

图16-3　阳性克隆诱导表达后的SDS-PAGE

M. 低分子质量蛋白质Marker；1. 未诱导的含pBV220质粒的全菌蛋白；

2. 诱导的含pBV-dps-6his质粒的全菌蛋白；

3～9. 诱导的表达了融合蛋白的7个阳性克隆全菌蛋白。

图片所示Dps融合蛋白是在pBV-dps-2x-6his中的2x位置插入编码幽门螺杆菌
（*Helicobacter pylori*, *HP*）尿素酶多表位抗原（Ua-b）47个氨基酸的蛋白

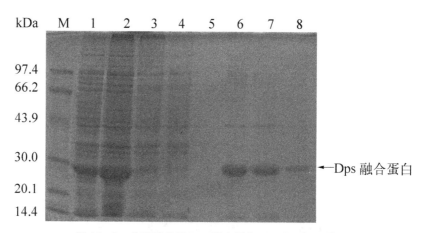

图16-4　分离纯化的Dps融合蛋白SDS-PAGE鉴定

M. 低分子质量蛋白质Marker；1. 诱导的Dps融合蛋白工程菌全菌蛋白；

2. 诱导的工程菌沉淀组分（包涵体）；3,4. 穿过组分1、2；5. 非特异性洗脱组分；

6～8. 特异性洗脱组分1～3

图片所示Dps融合蛋白是在pBV-dps-2x-6his中的*2x*位置插入编码幽门螺杆菌
（*Helicobacter pylori*, *HP*）尿素酶多表位抗原（Ua-b）47个氨基酸的蛋白

实验十七

目的蛋白的功能鉴定

【实验目的】

1. 了解 Dps 功能鉴定的原理和方法。
2. 了解融合蛋白功能鉴定的原理和方法。

【实验原理】

Dps 自组装形成十二聚体后有类铁蛋白功能,即结合金属离子和亚铁氧化酶活性,能够同时去除 Fe(II) 与 H_2O_2 的毒性,为 DNA 及其他生物大分子提供抗自由基氧化保护功能。除了抗氧化保护作用外,当细菌面临饥饿、高盐、辐射等胁迫时,具备 DNA 结合活性的 Dps(如 *E. coli* Dps)能通过非特异性结合,与 DNA 形成一个高度有序的 Dps-DNA 复合体,使得染色体凝集起来,从而保护 DNA 免受损伤。因此,可以利用有活性的 Dps 能形成十二聚体(分子质量变大),在 Fenton 反应(或称芬顿反应)产生羟基自由基条件下,能够保护 DNA 免于降解的特点,检测 Dps 及其融合蛋白的功能。

Fenton 反应是一个经典的产生自由基的无机化学反应。Fe^{2+} 在 H_2O_2 的作用下能产生氧化性极强的羟自由基(HO·)和部分过氧基自由基(HO_2·)。Fenton 反应产生的羟基自由基会造成 DNA 的损伤,使 DNA 产生降解。

本实验用 Dps 及其融合蛋白能否形成十二聚体以及是否具有对 DNA 的抗氧化保护作用来鉴定蛋白的功能。

可以根据实验需要设计目的基因或序列与 *dps* 融合,表达 Dps 融合蛋白,融合蛋白的功能可依据插入基因的功能或蛋白活性(如免疫原性),选择合适的方法进行鉴定(如用抗体或抗血清检测其抗免疫原性)。

【实验器材】

1. 仪器

ASP2680 超微量核酸蛋白测定仪。

2. 材料与试剂

(1)硫酸亚铁($FeSO_4$)溶液(pH7.5):称取硫酸亚铁,用 50mmol/L

Tris－HCl(pH7.5)配成1mol/L硫酸亚铁溶液,然后再分别稀释成500mmol/L、400mmol/L。

(2)H_2O_2溶液:先用50mmol/L Tris－HCl(pH7.5)配1mol/L H_2O_2溶液,然后分别稀释成80mmol/L、60mmol/L、50mmol/L、40mmol/L。

(3)Fenton反应试剂(10mmol/L H_2O_2;100mmol/L $FeSO_4$;50mmol/L Tris－HCl)。

根据反应体系,取相应体积的硫酸亚铁溶液和H_2O_2溶液,制成终浓度为10mmol/L H_2O_2、100mmol/L $FeSO_4$的反应液,由于二价铁离子在空气中极易被氧化成三价铁,因此本试剂需要现用现配。

(4)质粒DNA和PCR扩增的DNA。

(5)Φ27mm透析袋。

【实验步骤】

1. 透析袋的处理

(1)将透析袋剪成合适长度,于1mol/L EDTA(pH8.0)和2%(m/V)$NaHCO_3$中煮沸10min。

(2)用蒸馏水将透析袋彻底清洗干净,置于1mol/L EDTA(pH8.0)中煮沸10min。

(3)待冷却后,置于4℃,必须确保透析袋始终浸没在溶液内。

(4)使用前先在透析袋内装满水,然后排出,将其里外均清洗干净后,将一端折叠后用密封夹夹住。

2. Dps蛋白的透析

(1)取1ml纯化的Dps－6His蛋白,转移至透析袋中,将袋中多余气体排出,不得留有气泡,然后小心将透析袋的另一端折叠后,用夹子夹住,将装有蛋白质溶液的透析袋平放入培养皿或量筒内。

(2)将含4mol/L脲的50mmol/L Tris－HCl(pH7.5)透析液,倒入盛有透析袋的培养皿中,确保透析袋完全浸没在透析液中,以免透析不完全。培养皿盖盖后,放于4℃,透析1h。

(3)透析1h后,取出培养皿,将透析液倒掉后,倒入含有2mol/L脲的透析液。培养皿盖盖上,放于4℃,透析1h。依次更换含有1mol/L、0.5mol/L脲的透析液。每次间隔1h,观察有无沉淀,尽量避免蛋白质析出。

(4)蛋白质在含有0.5mol/L脲的透析液中透析1h后,取出培养皿,倒掉透析液后,倒入不含脲的50mmol/L Tris－HCl(pH7.5)缓冲液,放于4℃,透析2h。

(5)分别将透析袋中复性后的蛋白质转移至无菌EP管中,冻存于−20℃备用。

如果是可溶性表达的蛋白质,用50mmol/L Tris－HCl(pH7.5)缓冲液直接透析即可。

3. Dps蛋白十二聚体结构的检测

采用非变性胶电泳即PAGE，具体操作方法参照SDS－PAGE方法，只是在整个过程中不加入SDS，其他步骤相同，对照标准蛋白使用1mg/ml牛血清白蛋白（BSA），电泳结束染色后观察，根据Dps分子质量大小判断是否形成十二聚体结构。

4. Dps抗自由基氧化的DNA保护作用

Dps功能检测的反应体系按表17-1加样，于EP管中进行。

表17-1　Dps抗氧化保护作用加样表

管　　号	1	2	3	4	5	6	7
质粒	+	+	+	+	+	+	+
Fenton反应试剂	—	+	+	+	+	+	+
Dps/µl	—	—	1	2	3	4	5
50mmol/L Tris-HCl/µl	15	5	4	3	2	1	0

（1）不同浓度复性后Dps-6His蛋白和等量（5µl）任意PCR产物或质粒、等量（10µl）Fenton反应试剂（现用现混合，终浓度为10mmol/L H_2O_2，100mmol/L $FeSO_4$，50mmol/L Tris－HCl），混匀。

（2）37℃恒温培养箱150r/min作用24h。

（3）样品加DNA上样缓冲液，80V，1.2%琼脂糖凝胶电泳30min，观察各组实验中质粒DNA条带，判断其降解情况。

【注意事项】

1. Dps抗氧化保护DNA需要适当地调整二者的浓度，使二者匹配才能得到理想的实验效果。

2. Dps形成十二聚体结构影响因素的研究可以进一步设计实验进行探索。

【部分结果参考图】

NaCl对Dps自组装影响的PAGE检测见图17-1。SDS对Dps自组装影响的PAGE检测见图17-2。Dps保护质粒DNA抗自由基氧化损伤见图17-3。Dps保护PCR扩增产物抗自由基氧化损伤见图17-4。

【问题讨论】

1. 怎样判断Dps具有生物活性？

2. 怎样检测融合蛋白的功能？

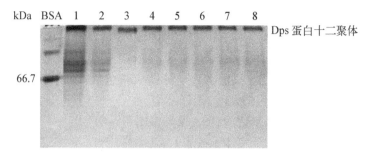

图 17-1　NaCl 对 Dps 自组装影响的 PAGE 检测

BSA. 牛血清白蛋白（1mg/ml），PAGE 电泳分子质量为 66.7kDa。1. 6mol/L 脲中的 Dps；
2. 2mol/L 脲中的 Dps 蛋白；3～8. 50mmol/L、100mmol/L、150mmol/L、200mmol/L、
300mmol/L、400mmol/L NaCl 溶液中的 Dps 蛋白（十二聚体）

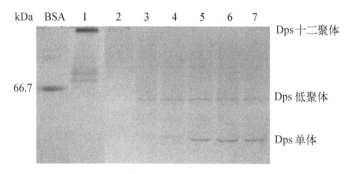

图 17-2　SDS 对 Dps 自组装影响的 PAGE 检测

BSA. 牛血清白蛋白（1mg/ml），PAGE 电泳分子质量为 66.7kDa；1. 6mol/L 脲中的 Dps；
2. 2mol/L 脲的 Dps；3～7. 4mmol/L、6mmol/L、8mmol/L、10mmol/L、12mmol/L SDS 溶液中
的 Dps

图 17-3　Dps 保护质粒 DNA 抗自由基氧化损伤

*. 反应 5min；**. 反应 10min（结果说明添加 Dps 的 2、4 组具有保护
DNA 抗自由基氧化作用）

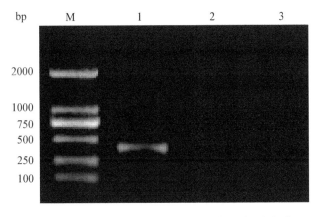

图17-4　Dps保护PCR扩增产物抗自由基氧化损伤

M. DL2000 DNA Marker；1. PCR产物；

2. PCR产物+Dps+Fenton试剂（PCR产物未降解）；

3. PCR产物+Fenton试剂（PCR产物被自由基损伤后降解）

参 考 文 献

刘文,贾义华,方丽,等.2015.大肠杆菌Dps表达、体外自组装及抗氧化作用研究.生物技术通报,31(11):202-206.

刘文,汤艳超,黄睿,等.2013.幽门螺杆菌尿素酶A基因克隆表达及动物抗血清免疫保护作用研究.生物技术通报,8:135-138.

宋晓国,凌世淦,张贺秋,等.2001.高效原核融合表达载体pBVIL1的构建及在HCV抗原表达中的应用.细胞与分子免疫学杂志,17(3):231-233.

魏群.2007.分子生物学实验指导.2版.北京:高等教育出版社.

张智清,姚立红,侯云德.1990.含$P_{RP}L$启动子的原核高效表达载体的组建及其应用.病毒学报,6(2):111-116.

Bellapadrona G, Ardini M, Ceci P, et al. 2010. Dps proteins prevent Fenton-mediated oxidative damage by trapping hydroxyl radicals within the protein shell. Free Radical Biology & Medicine, 48(2): 292-297.

附录1 常用试剂及其配制

1. 0.5mol/L EDTA(pH8.0)

800ml双蒸水中加入186.1g EDTA-Na$_2$ · 2H$_2$O(相对分子质量372.24)和20g NaOH,磁力搅拌器搅拌,用5mol/L NaOH 溶液调pH8.0,用双蒸水定容至1 000ml,灭菌备用(EDTA-Na$_2$不易溶于水,pH8.0时能完全溶解)。**作为母液,用于多种缓冲液的配制。**

2. 1mol/L Tris · Hcl

在800ml水中加入121.1g Tris碱(相对分子质量121.1),加浓盐酸调节溶液的pH:

需要pH	7.4	7.6	8.0
加浓盐酸量(ml)	70	60	42

冷却到室温再最后调节pH,定容到1L,灭菌备用。**作为母液,用于多种缓冲液的配制。**

3. LB培养基(Luria-Bertani培养基)

配制1L培养基,应在950ml去离子水中加入:胰蛋白胨(bacto-tryptone)10g,酵母提取物(bacto-yeast extract)5g,氯化钠10g,搅拌直至溶质完全溶解,用5mol/L氢氧化钠(约0.2ml)调节pH至7.0,加入去离子至总体积为1L,1.034 × 10^{5}Pa高压蒸汽灭菌20min。

4. 3mol/L KAc(pH5.2)(无水乙酸钾294.4g/L)

称取无水乙酸钾(相对分子质量98.14)58.88g,先加160ml双蒸水,磁力搅拌使其溶解,再用冰醋酸约11ml调pH至5.2,加双蒸水定容至200ml,高压灭菌20min,置4℃冰箱贮存。

5. 0.1mol/L CaCl$_2$溶液

称取无水氯化钙(相对分子质量110.99)5.55g,加双蒸水300ml,充分溶解后,用双蒸水定容至500ml,高压蒸汽灭菌20min。

6. 溴化乙锭(EB)溶液

在100ml水中加入1g溴化乙锭,搅拌溶解,然后用铝箔包裹容器或转移至棕色瓶中,保存于室温。注意:溴化乙锭是强诱变剂并有中度毒性,使用含有这种染料的溶液时务必戴手套,称量染料时要戴面罩。

7. X-gal 储备液

将 X-gal 溶于二甲基甲酰胺中,配成 20mg/ml 浓度的溶液,装于玻璃或聚丙烯管中,用锡箔纸包裹,储存于-20℃。

8. IPTG 溶液

将 2g 异丙基硫代-β-D-半乳糖苷(IPTG)溶于 8ml 水中,用水调节体积至 10ml。用 0.22μm 一次性过滤器过滤除菌,分装成 1ml 小份,储存于-20℃。

9. 碱法抽提质粒试剂

溶液 I

成　　分	配制 100ml 溶液各成分需要量
50mmol/L 葡萄糖	0.99g
25mmol/L Tris-HCl(pH8.0)	2.5ml 1mol/L Tris-HCl(pH8.0)或 Tris 碱(相对分子质量 121.1)0.3g
10mmol/L EDTA(pH8.0)	2.0ml 0.5mol/L EDTA(pH8.0)或 EDTA-Na$_2$·2H$_2$O 0.37g

注意:葡萄糖、Tris 碱和 EDTA-Na$_2$·2H$_2$O 如不用浓溶液配制,采用直接称量的方法,注意先加约 80ml 水,磁力搅拌器上搅拌,用盐酸调 pH(37% 浓盐酸用 1ml 枪头约 1 滴后),再定容。

高压蒸汽灭菌后,保存于 4℃ 冰箱。

溶液 II　0.4mol/L NaOH 储备液(1.6g NaOH,溶解定容到 100ml)

2% SDS 储备液(2.0g SDS,溶解定容到 100ml)

临用前 1:1 混合储备液即为 II 液,储备液及 II 液均室温保存,低温条件下保存 SDS 易析出。

溶液 III(3mol/L KAc 溶液,pH4.8)(4℃ 保存)

配　　方	配制 100ml 各成分用量
5mol/L 乙酸钾溶液	60ml(或直接称取乙酸钾 29.44g,加水溶解定容到 60ml)
冰醋酸	11.5ml
水	28.5ml

所配成的溶液中钾的浓度为 3mol/L,乙酸根的浓度为 5mol/L。

10. 酚:氯仿:异戊醇(25:24:1)

从核酸样品中去除蛋白质时常常使用等体积混合的平衡酚和氯仿:异戊醇(24:1)。其中的氯仿可使蛋白质变性并有助于液相与有机相的分离。异戊醇则有助于消除抽提过程中出现的泡沫。氯仿和异戊醇在使用前均无需处理。放在不透光的瓶中并置于 100mmol/L Tris-HCl(pH8.0)缓冲液之中的酚:氯仿:异戊醇混合液可在 4℃ 条件下保存 1 个月。

11. TE 缓冲液

成　分	配制100ml缓冲液各成分用量
10mmol/L Tris－HCl（pH8.0）	1.0ml 1.0mol/L Tris－HCl（pH8.0）母液
1mmol/L EDTA（pH8.0）	0.2ml 0.5mol/L EDTA（pH8.0）母液

12. 酚

大多数市售液化酚是清亮、无色的,无须重蒸馏便可用于分子克隆实验。偶尔有些批次的液化酚呈粉红色或黄色,应拒收或退回生产厂家。最好能够避免使用结晶酚,因为必须在160℃对之进行重蒸馏以去除诸如醌等氧化产物,这些产物可引起磷酸二酯键的断裂及导致 RNA 和 DNA 的交联。

酚的腐蚀性很强,并可引起严重灼伤,操作时应戴手套及防护镜,穿防护服。所有操作均应在化学通风橱中进行。与酚接触过的皮肤部位应用大量水清洗,并用肥皂和水洗涤,忌用乙醇。

酚的平衡:因为在酸性条件下DNA分配于有机相,因此使用前必须对酚进行平衡,使其pH在7.8以上。经过液化的酚液应贮存于-20℃,用前将之从冰冻室中取出,使其温度升至室温。然后在68℃使酚溶解,加入8-羟基喹啉至终浓度为0.1%。该化合物是一种抗氧化剂、RNA 酶的不完全抑制剂及金属离子的弱螯合剂（Kirby, 1956）。此外,其黄颜色也有助于方便地识别出有机相。

13. 常用缓冲液的配制

常用缓冲液的 pK_a 值

缓　冲　液	相对分子质量	pK_a值	pH
Tris（三羟甲基氨基甲烷）	121.1	8.08	7.1～8.9
HEPES（N-2-羟乙基哌嗪-N'-2-乙磺酸）	238.3	7.47	7.2～8.2
MOPS［3-（N-吗啉代）丙磺酸］	209.3	7.15	6.6～7.8
PIPES［N,N'-双（2-乙磺酸）哌嗪］	304.3	6.76	6.2～7.3
MES［2-（N-吗啉代）乙磺酸］	195.2	6.09	5.4～6.8

常用电泳缓冲液

缓　冲　液	使　用　液	浓储备液（1 000ml）
Tris-乙酸（TAE）	1×：　0.04mol/L Tris-乙酸 　　　0.001mol/L EDTA	50×：242g Tris 碱 　　　57.1ml 冰醋酸 　　　100ml 0.5mol/L EDTA（pH8.0）
Tris-磷酸（TPE）	1×：　0.09mol/L Tris-乙酸 　　　0.002mol/L EDTA	10×：10g Tris 碱 　　　15. 5ml 85%磷酸（1.679g/ml） 　　　40ml 0.5mol/L EDTA（pH8.0）

(续表)

缓 冲 液	使 用 液	浓储备液(1 000ml)
Tris-硼酸(TBE)*	0.5×：0.045mol/L Tris-硼酸 0.001mol/L EDTA	5×：54g Tris 碱 27.5g 硼酸 20ml 0.5mol/L EDTA(pH8.0)
碱性缓冲液**	1×：50mmol/L 氢氧化钠 1mmol/L EDTA	1×：5ml 10mol/L 氢氧化钠 2ml 0.5mol/L EDTA(pH8.0)
Tris-甘氨酸	1×：25mmol/L Tris 250mmol/L 甘氨酸 0.1% SDS	5×：15.1g Tris 碱 94g 甘氨酸(电泳级)(pH8.3) 50ml 10% SDS(电泳级)或 SDS 5g

　　*TBE 浓溶液长时间存放后会形成沉淀物，为避免这一问题，可在室温下用玻璃瓶保存5×溶液，出现沉淀后则予以废弃。

　　以往都以1×TBE作为使用液（即1∶5稀释浓储备液）进行琼脂糖凝胶电泳。但0.5×的使用液已具备足够的缓冲能力，目前几乎所有的琼脂糖凝胶电泳都以1∶10稀释的储备液作为使用液。进行聚丙烯酰胺凝胶电泳使用1×TBE，是琼脂糖凝胶电泳时使用液浓度的2倍。聚丙烯酰胺凝胶垂直槽的缓冲液槽较小，故通过缓冲液的电流量通常较大，需要使用1×TBE以提供足够的缓冲能力。

　　**碱性电泳缓冲液应现用现配。

14. 常用的琼脂糖凝胶加样缓冲液

缓冲液类型	6×缓冲液	贮存温度
(1)	0.25%溴酚蓝 0.25%二甲苯青FF 40%(m/V)蔗糖水溶液	4℃
(2)	0.25%溴酚蓝 0.25%二甲苯青FF 15%聚蔗糖(Ficoll)(400型)水溶液	室温
(3)	0.25%溴酚蓝 0.25%二甲苯青FF 30%甘油水溶液	4℃
(4)	0.25%溴酚蓝 40%(m/V)蔗糖水溶液	4℃
(5)	6mmol/L EDTA 18%聚蔗糖(Ficoll)(400型)水溶液 0.15%溴甲酚绿 0.25%二甲苯青FF	4℃

　　使用以上凝胶加样缓冲液的目的有三：① 增大样品密度，以确保DNA均匀进入样品孔内；② 使样品呈现颜色，从而使加样操作更为便利；③ 含有在电场中预知速率向阳极泳动的染料。溴酚蓝在琼脂糖凝胶中移动的速率约为二甲苯青FF的2.2倍，而与琼脂糖浓度无关。以0.5×TBE作电泳液时，溴酚蓝在琼脂糖中的泳动速率约与长300bp的双链

线状DNA相同,而二甲苯青FF的泳动则与长4kb的双链线状DNA相同。在琼脂糖浓度为0.5%～1.4%时,这些对应关系受凝胶浓度变化的影响并不显著。

15. SDS-PAGE蛋白质电泳用试剂

（1）SDS-PAGE分离胶缓冲液:1.5mmol/L Tris-HCl(pH8.9)(4℃保存)

Tris碱(相对分子质量121.1)18.165g,溶于80ml蒸馏水中,浓盐酸调pH至8.9,用蒸馏水定容到100ml。

（2）SDS-PAGE浓缩胶缓冲液:0.5mmol/L Tris-HCl(pH6.8)(4℃保存)

Tris碱(相对分子质量121.1)6.06g,溶于80ml蒸馏水中,浓盐酸调pH至6.8,用蒸馏水定容到100ml。

（3）SDS-聚丙烯酰胺凝胶电泳用Tris-甘氨酸缓冲液。

5倍甘氨酸蛋白电泳缓冲液配制:称取Tris碱15.1g,甘氨酸94g,SDS 5g,加双蒸水800ml溶解后,加双蒸水定容至1 000ml,室温保存。

（4）30%丙烯酰胺配制(分离蛋白凝胶母液):称取丙烯酰胺29.2g,N,N'-亚甲基双丙烯酰胺0.8g,加双蒸水60ml,37℃左右搅拌溶解后,再用双蒸水定容到100ml,用新华1号滤纸过滤,用棕色瓶装,存于4℃。

（5）10% SDS:称10g SDS,溶于蒸馏水并定容至100ml,室温保存。

（6）10%过硫酸铵(Aps):1g过硫酸铵溶于蒸馏水并定容至10ml。当天配制使用。

（7）TEMED:N,N,N',N'-四甲基乙二胺,棕色瓶保存。

（8）2×SDS-PAGE凝胶加样缓冲液(4℃保存)

成　　分	用量/ml
0.5mmol/L Tris-HCl(pH6.8)	2
甘油	2
10% SDS(电泳级)	4
0.1%溴酚蓝	0.5
巯基乙醇	1.0
双蒸水	0.5

（9）染色液:0.2g考马斯亮蓝R250,84ml 95%乙醇,20ml冰醋酸,加水至200ml。

（10）脱色液:95%乙醇:冰醋酸:水=4.5:0.5:5($V:V:V$)。

（11）保存液:7%冰醋酸。

16. DL2000 DNA Marker

由6条标准的线状双链DNA条带组成,适用于对100～2 000bp的双链DNA分子大小的估算和粗略的定量。6条带分别为100bp、250bp、500bp、750bp、1 000bp和2 000bp,每次取5μl进行电泳时,每条带的DNA量约为50ng。

使用方法:电泳缓冲液可选用TAE或1×TBE;建议电泳的电压为6～8V/cm,电泳时间为30～60min。凝胶可选用琼脂糖凝胶或PAGE,电泳胶浓度可选择1.0%～2.0%

（*m/V*）。6mm以内宽度的泳道可使用5μl，如果泳道较宽，应适当增加上样量。

　　DNA条带的染色：① 电泳结束后，用溴化乙啶（EB）或其他DNA染料染色；② 在电泳缓冲液或凝胶置备中直接加入EB，电泳结束可直接在紫外线灯下观察，EB在波长较短的紫外线灯（250～300nm）下的观察效果明显好于波长较长的紫外线灯（＞310nm），因此，如果需在长波长紫外线灯下回收DNA片段，建议加倍使用DNA Marker。

——2000

——1000
——750
——500

——250

——100

17. 引物

　　引物一般使用的定量单位是1 OD$_{260}$单位。这是指1ml体积1cm广程标准比色皿中，260nm波长下吸光度为1 A_{260}的Oligo溶液定义为1 OD$_{260}$单位。根据此定义，1 OD$_{260}$单位相当于33μg的Oligo DNA。

　　Oligo DNA相对分子质量（MW）的计算公式：

　　MW=（A碱基数×312）+（C碱基数×288）+（G碱基数×328）+（T碱基数×303）−61

　　附：A的相对分子质量为312，C的相对分子质量为288，G的相对分子质量为328，T的相对分子质量为303。

　　近似计算公式：MW=碱基数×324.5

　　由于Oligo DNA呈很轻的干膜状，附在管壁上，打开EP管时极易散失，所以打开管子时应该先离心，然后慢慢打开管盖，加入所需量的水后，充分振荡。

　　引物的溶解：有的公司合成报告单给出了每OD引物稀释为100μmol/L（即100 pmol/μL）浓度的加水量，可以根据实验需要加入适量的无核酸酶的双蒸水（pH>6.0）或TE缓冲液（pH7.5～8.0）。实验中常常把引物干粉溶解稀释为20μmol/L。然后把引物溶液−20℃条件下保存。有的公司合成报告单给出了每OD引物相当于多少μmol（33μg/引物的相对分子质量即得），用户可自行计算稀释到某浓度需加水量。

　　例如：一管标记为*N*个OD，相对分子质量为MW的引物，要得到终浓度为20μmol/L的引物溶液，则加水量=1 000×33×*N*/（MW×20）ml。

18. 低分子质量蛋白质Marker

　　为6种蛋白质混合物，分子质量为14.4～97.4kDa。经过SDS−PAGE，用考马斯亮蓝染色后可以得到分布均匀、密度相近的6条带，用来判断电泳后蛋白质的分子质量。

低分子质量蛋白质Marker的组成

蛋白质名称	分子质量/kDa
兔磷酸化酶B	97.4
牛血清白蛋白	66.2
兔肌动蛋白	43

（续表）

蛋白质名称	分子质量/kDa
牛磷酸酐酶	31
胰蛋白酶抑制剂	20.1
鸡蛋清溶菌酶	14.4

19. 抗生素溶液

抗 生 素	储 备 液		工作浓度/（μg/ml）	
	浓度/（mg/ml）	保存条件/℃	严紧型质粒	松弛型质粒
氨苄青霉素*	50（溶于水）	−20	20	60
羧苄青霉素*	50（溶于水）	−20	20	60
氯霉素**	34（溶于乙醇）	−20	25	170
卡那霉素*	10（溶于水）	−20	10	50
链霉素*	10（溶于水）	−20	10	50
四环素**	5（溶于乙醇）	−20	10	50

　　* 以水为溶剂的抗生素储备液应通过0.22μm滤器过滤除菌。以乙醇为溶剂的抗生素溶液无须除菌处理，所有抗生素溶液均应放于不透光的容器中保存。** 镁离子是四环素的拮抗剂，四环素抗性菌的筛选应使用不含镁盐的培养基（如LB培养基）。

20. 蛋白质印迹（Western blotting）所用试剂

（1）电转移缓冲液

成　分	用　量
Tris	3.03g
Gly	14.4g
甲醇	200ml

双蒸水定容至1 000ml，4℃避光保存，稀释5倍使用。

（2）TBST缓冲液

成　分	用　量
20% Tween 20	1.65ml
TBS缓冲液	700ml

混匀即可，4℃避光保存。

（3）TBS缓冲液

成　分	用　量
1mol/L Tris－HCl（pH7.5）	10ml
NaCl	8.8g

双蒸水定容至1 000ml，4℃避光保存。
（4）1mol/L Tris－HCl（pH7.5）

成　分	用　量
Tris	30.2g
1mol/L HCl	200ml

调pH至7.5后，双蒸水定容至250ml。

（5）1mol/L HCl：取8ml浓盐酸（HCl质量分数为37%；浓度为12mol/ml），加入双蒸水88ml，混匀后，室温保存。

（6）封闭液：脱脂奶粉5g，50ml TBST缓冲液溶解，定容至100ml，4℃避光保存，现用现配。

（7）漂洗液（TBST）：0.01mol/L TBST（Tris 1.21g，NaCl 5.84g，800ml H_2O），用盐酸调节pH到7.5，加入0.05% Tween 20，用H_2O定容至1 000ml。

21. 镍柱亲和层析试剂

（1）1×LEW结合缓冲液配方（1L）

成　分	用　量
8mol/L 尿素	480.5g尿素
100mmol/L NaH_2PO_4	13.8g NaH_2PO_4
100mmol/L Tris－HCl	12.1g Tris－HCl

用1 mol/L NaOH调节pH到8.0。
（2）1×LEW洗涤缓冲液配方（1L）

成　分	用　量
8mol/L 尿素	480.5g尿素
100mmol/L NaH_2PO_4	13.8g NaH_2PO_4
100mmol/L Tris－HCl	12.1g Tris－HCl
25mmol/L 咪唑	1.7g 咪唑

用1 mol/L NaOH调节pH到8.0。

（3）1×LEW 洗脱缓冲液配方（1L）

成　　分	用　　量
8mol/L 尿素	480.5g 尿素
100mmol/L NaH$_2$PO$_4$	13.8g NaH$_2$PO$_4$
100mmol/L Tris-HCl	12.1g Tris-HCl
250mmol/L 咪唑	17.0g 咪唑

用 1 mol/L NaOH 调节 pH 到 8.0。

22. 蛋白透析试剂

（1）透析袋预处理所用试剂：

50mmol/L Tris-HCl（pH7.5）：称取 Tris-碱 3.03g，双蒸水溶解后，用浓盐酸调 pH 至 7.5，定容至 500ml。

2%（m/V）NaHCO$_3$：称取 2g NaHCO$_3$，蒸馏水溶解后，定容至 100ml。

1mmol/L EDTA（pH8.0）：称取 18.6g EDTA-Na$_2$·H$_2$O 和 2g NaOH，80ml 蒸馏水溶解后，5mol/L NaOH 溶液调 pH 至 8.0，蒸馏水定容至 100ml，即 0.5mol/L EDTA 母液，再稀释 500 倍即为 1mmol/L 的 EDTA 溶液。

250mmol/L NaCl（pH7.5）：称取 7.305g NaCl，先用适量 50mmol/L Tris-HCl（pH7.5）溶解，再定容至 50ml。

（2）蛋白透析液（pH7.5）：称取不同质量的脲，用 50mmol/L Tris-HCl（pH7.5）分别配成含有 4mol/L、2mol/L、1mol/L、0.5mol/L、0mol/L 脲的蛋白透析液。

23. Fenton 反应试剂

（1）硫酸亚铁（FeSO$_4$）溶液（pH7.5）：称取硫酸亚铁，用 50mmol/L Tris-HCl（pH7.5）配成 1mol/L 硫酸亚铁溶液，然后再分别稀释成 500mmol/L、400mmol/L。

（2）H$_2$O$_2$ 溶液：先用 50mmol/L Tris-HCl（pH7.5）配 1mol/L H$_2$O$_2$ 溶液，然后分别稀释成 80mmol/L、60mmol/L、50mmol/L、40mmol/L。

（3）Fenton 反应试剂（10mmol/L H$_2$O$_2$；100mmol/L FeSO$_4$；50mmol/L Tris-HCl）：

根据反应体系，取相应体积的硫酸亚铁溶液和 H$_2$O$_2$ 溶液，配制成终浓度为 10mmol/L H$_2$O$_2$、100mmol/L FeSO$_4$ 的反应液，由于二价铁离子在空气当中极易被氧化成三价铁，因此本试剂要求现用现配。

24. RNA 电泳试剂

MOPS 缓冲液（10×）：0.4mol/L 吗啉代丙烷磺酸（MOPS），0.1mol/L NaAc，10mol/L EDTA，pH7.0。

上样液：50% 甘油，1mmol/L EDTA，0.4% 溴酚蓝，0.4% 二甲苯蓝。

25. 常见市售酸碱的浓度及溶液配制方法

溶质	分子式	相对分子质量	物质的量浓度/(mol/L)	质量浓度/(g/L)	质量百分比/%	相对密度	配制1mol/L溶液的加入量/(ml/L)
冰醋酸	CH₃COOH	60.05	17.4	1045	99.5	1.05	57.5
乙酸		60.05	6.27	376	36	1.045	159.5
甲酸	HCOOH	46.02	23.4	1080	90	1.20	42.7
盐酸	HCl	36.5	11.6	424	36	1.18	86.2
			2.9	105	10	1.05	344.8
硝酸	HNO₃	63.02	15.99	1008	71	1.42	62.5
			14.9	938	67	1.40	67.1
			13.3	837	61	1.37	75.2
高氯酸	HClO₄	100.5	11.65	1172	70	1.67	85.8
			9.2	923	60	1.54	108.7
磷酸	H₃PO₄	80.0	18.1	1445	85	1.70	55.2
硫酸	H₂SO₄	98.1	18.0	1766	96	1.84	55.6
氢氧化铵	NH₄OH	35.0	14.8	251	28	0.898	67.6
氢氧化钾	KOH	56.1	13.5	757	50	1.52	74.1
			1.94	109	10	1.09	515.5
氢氧化钠	NaOH	40.0	19.1	763	50	1.53	52.4
			2.75	111	10	1.11	363.6

26. 常用限制性内切核酸酶(限制酶)识别序列

限制酶	识别序列	限制酶	识别序列
Aat Ⅱ	GACGTC	Bcl Ⅰ	TGATCA
Afl Ⅱ	CTTAAG	Bgl Ⅱ	AGATCT
Age Ⅰ	ACCGGT	BstB Ⅰ	TTCGAA
Apa Ⅰ	GGGCCC	Cla Ⅰ	ATCGAT
ApaL Ⅰ	GTGCAC	Dra Ⅰ	TTTAAA
Ase Ⅰ	ATTAAT	Eag Ⅰ	CGGCCG
BamH Ⅰ	GGATCC	EcoR Ⅰ	GAATTC

（续表）

限制酶	识别序列	限制酶	识别序列
*Eco*R Ⅴ	GATATC	*Spe* Ⅰ	ACTAGT
Fsp Ⅰ	TGCGCA	*Stu* Ⅰ	AGGCCT
*Hin*d Ⅲ	AAGCTT	*Xba* Ⅰ	TCTAGA
Nru Ⅰ	TCGCGA	*Xho* Ⅰ	CTCGAG
Pml Ⅰ	CACGTG	*Hpa* Ⅰ	GTTAAC
Pst Ⅰ	CTGCAG	*Kpn* Ⅰ	GGTACC
Pvu Ⅱ	CAGCTG	*Nar* Ⅰ	GGCGCC
Sac Ⅰ	GAGCTC	*Nco* Ⅰ	CCATGG
Sac Ⅱ	CCGCGG	*Nde* Ⅰ	CATATG
Sal Ⅰ	GTCGAC	*Nhe* Ⅰ	GCTAGC
Sma Ⅰ	CCCGGG	*Not* Ⅰ	GCGGCCGC

附录2 常用实验材料保存方法

1. 细菌保存

细菌可用穿刺保存法存放2年之久,或用冷冻保存法无限期存放。

(1) 穿刺保存

使用容量为2~3ml并带有螺口旋盖和橡皮垫圈的玻璃小瓶,加入相当于约2/3容量的熔化LB琼脂,旋上盖子,但并不拧紧,在1.034×10^5Pa高压下蒸汽灭菌20min。从高压蒸汽灭菌器中取出玻璃小瓶,冷却至室温后拧紧盖子。放室温保存备用。

保存细菌时,用灭菌的接种针挑取长势良好的单菌落,把针穿过琼脂直达瓶底数次,盖上瓶盖并拧紧,在瓶身和瓶盖上均做好标记,4℃保存。(更广为接受的做法是将瓶盖放松,在适当温度下培养过夜,然后拧紧瓶盖并加封Parafilm膜,最好于4℃或于室温避光保存)。

(2) 冷冻保存

在液体培养基中生长的细菌培养物的保存:取0.85ml细菌培养物,加入0.15ml灭菌甘油(甘油应在1.034×10^5Pa高压下蒸汽灭菌20min)振荡培养物使甘油分布均匀,然后转移至标记好的、带有螺口旋盖和空气密封圈的保存管内,保存于-20℃,如条件允许,可保存于-40℃或-70℃,效果更好。复苏菌种时,用灭菌的接种针刮拭冻结的培养物表面,然后立即把黏附在接种针上的细菌划于含适当抗生素的LB琼脂平板表面,冻干保存的菌种管重置于-70℃,而琼脂平板于37℃培养过夜。

在琼脂平板上生长的细菌培养物的保存:从琼脂平板表面刮下细菌放入装有2ml LB的无菌试管内,再加入等量的含有30%灭菌甘油的LB培养基,振荡混合物使甘油完全分布均匀后,分装于带有螺口盖和空气密封圈的无菌保存管中,按上述方法冰冻保存。

2. DNA保存

保存于-20℃,如条件允许,可保存于-40℃或-70℃,效果更好。

3. 酶的保存

常用的酶包括限制性内切核酸酶、*Taq* DNA聚合酶、T4 DNA连接酶等均保存于-20℃。

附录3 常用仪器设备使用说明及使用注意事项

一、微量移液器

使用说明

1. 微量移液器是连续可调的、计量和转移液体的专用仪器。其装有直接读数容量计,读数由三位拨号数字组成,在移液器容量范围内能连续调节。读数时从上(最大数)到下(最小数)读取,或从下(最大数)到上(最小数)读取。移液器的型号即其最大容量值。

2. 适用的液体:水、缓冲液、稀释的盐溶液和酸碱溶液。

3. 按照吸取液体的体积,选择合适量程的微量移液器,并进行容量设定。

4. 枪头安装:正确的安装方法叫旋转安装法,具体的做法是,把移液器顶端插入枪头,在轻轻用力下压的同时,把手中的移液器按逆时针方向旋转180°。切记用力不能过猛,更不能

采取连续戳枪头的方法来进行安装,那样做会对移液器造成不必要的损伤。

5. 吸液:先将移液器排放按钮按至第一停点,再将枪头垂直浸入液面,将枪头插入液面下2~3mm。平稳松开按钮,切记不能过快,否则液体进入枪头过速会导致液体倒吸入移液器内部,吸入体积减小,且有可能腐蚀移液器,等1s后将吸嘴提离液面。

6. 放液:放液时,枪头紧贴容器壁,先将排放按钮按至第一停点,略作停顿以后,再按至第二停点,这样做可以确保枪头内无残留液体。如果这样操作还有残留液体存在的话,应该考虑更换枪头。

7. 卸去枪头:按吸嘴弹射器除去枪头,卸掉的枪头一定不能和新枪头混放,以免发生交叉污染。

8. 黏稠或易挥发液体的移取:在移取黏稠或易挥发的液体时,很容易导致体积误差较大。为了提高移液体积准确性,移液前先用液体预湿枪头内部,即反复吸打液体几次使枪头预湿,吸液或排出液体时最好多停留几秒。尤其对于移取体积大的液体,建议将枪头预湿后再移取。

注意事项

1. 使用完毕,可以将其竖直挂在移液器架上,防止掉落。

2. 当移液器枪头里有液体时,切勿将移液器水平放置或倒置,以免液体倒流腐蚀活塞弹簧。

3. 如不使用,要把移液器的量程调至最大值的刻度,使弹簧处于松弛状态以保护弹簧。

移液器错误操作及后果

操　作	结　果	仪　器　损　坏
不带枪头移液	溶液进入移液器中	密封破坏、仪器被腐蚀
带液平放	溶液进入移液器中	密封破坏、仪器被腐蚀
猛吸	溶液进入移液器中	密封破坏、仪器被腐蚀
一档二档不分	移取液体不准确	
猛排	移取液体不准确	
太早从溶液中拿出	产生气泡,移取液体不准确	
枪头太松	漏气,移取液体不准确、滴液	
排液不干净	移取液体不准确	
超过量程调节	旋钮卡死	损坏调节部分
枪头太紧	不便褪枪头	损坏褪管部分
姿势不对	动作不标准,移取液体不准确	
没有选取合适量程	效率不高,或准确度不高	
吸液时移液器倾斜	导致移液不准确	

二、Heraeus离心机

使用说明

1. 按需要安装所需转子。

2. 从左到右依次为程序选择和存储、升速快慢调节、降速快慢调节(数字越大表示升降速度越快)、转速调节 [(r/min)/RCF切换]、时间调节、温度调节,右侧四联按键左上、左下、右上、右下依次为快运行、开始离心、打开机盖和结束离心。

3. 打开电源,待显示各参数状态后,按照需要设置转速、离心时间和工作温度。若已经有储存程序,可直接调出所需程序。

4. 离心前,确定样品已经平衡好(质量差不超过 0.01g)并在离心机内中心对称放置。

5. 放好样品,关好转子顶盖,放下离心机盖,待顶盖锁定后,开始离心。

6. 离心时间到,离心机停止并鸣示。打开离心机盖,拧开转子盖,拿出样品。

注意事项

1. 离心前,确保转子安装牢固,电源连接正常。

2. 离心速度设置时,不要超过最高限(见转子)。

3. 离心管只能用插口管,不要使用螺口管和变形管。

4. 离心过程中,若声音不正常,立即按 "Stop" 按钮结束离心,检查原因。

5. 离心完成后,请及时清洁离心机内部。低温离心时会有冷凝水或结冰,打开离心机盖,待离心腔内冰融化后,擦干并关好盖。

6. 离心后,在记录本上如实记录离心过程。

三、PTC-200型PCR仪

使用说明

1. 打开仪器后部的电源开关,仪器内部的风扇开始运转,控制面板上的电源指示灯 Power light 呈现绿色,正常情况下,仪器进入自检状态,约 1min 结束。

2. 自检正常后,显示主菜单。**Run**:运行一个程序。**Enter**:输入新的程序。**List**:显示或打印程序。**Edit**:修改和储存程序。**Files**:文件的删除及拷贝。**Setup**:仪器的内部参数设置

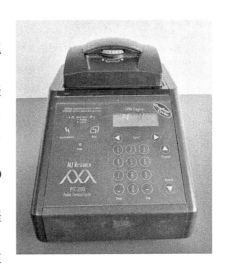

3. PCR仪控制面板上有仪器状态指示灯、LCD显示屏、功能键和数字键。

Select keys:用于移动光标或左右选择;显示程序运行的时间和循环信息。

Proceed:接受一个选择菜单或显示屏选择;在程序运行过程中,使程序提前进入下一步。

Cancel:结束一个步骤的运行;在程序产生或编辑过程中,取消最后的输入。

Stop:结束一个步骤的运行。

Pause:在运行中暂停一个步骤。

4. 运行一个已储存的程序:从主菜单中选择 Run,按 Proceed 显示 MAIN 菜单和用户自己创建的文件夹,进入存放程序的文件夹,用 Select 选择要运行的程序,按 Proceed 运行该程序。

5. 设置温度控制方法:当选择好程序后,会出现温度的控制对话框。仪器提供三种不同的模块温度控制方法,**模块控制、计算控制和探针控制**。一般选择**计算控制**或**模块控制**。

6. 选择模块控制程序,会显示在程序运行过程中是否选择热盖:选择Yes或No,按Proceed程序开始运行。

7. 选择计算控制程序,会依次选择反应容器、体积和热盖。反应容器可以选PCR管或反应板,按Proceed。输入样品的反应体积(单位:微升),按Proceed。选择热盖,按Proceed,程序开始运行。Block Status lights指示灯为红色;模块升温,灯为绿色,模块降温。

8. 程序运行完毕后会有声音提示,应尽快取出反应容器,不要将反应容器长时间保存在仪器内。按Proceed结束程序,回到主页面,运行新的程序或关闭仪器电源。

9. 按Pause键可以临时停止运行程序。这时在显示屏的右下角的运行时间显示会被"Pause"字符代替。只有按Pause或Proceed键后,程序才会继续运行。

10. 停止运行程序:按Stop或Cancel键停止运行程序。注意:关机不会结束程序运行。仪器会假设程序因断电停止运行并且在开机后自动继续运行该程序。

11. 断电后开机继续运行程序:如果在运行程序过程中断电,仪器会保持该程序的运行步骤,当电源恢复开机后,仪器会自动继续运行程序。

12. 编写新程序,从主菜单选择Enter,按Proceed后,通过select键,输入不同的字母或数字给程序命名。选择温度控制方法,按Proceed确认。按照PCR扩增程序依次输入温度、时间、循环次数。并将编好的程序存入仪器。

13. 编辑已储存的程序:选择主菜单中的Edit键,按Proceed,从文件夹中选择需要编辑的程序。按Proceed,用Select键前后查看程序步骤,使用光标选择要修改的值,输入新的值并按Proceed,屏幕上显示新的值。如要取消修改,按Cancel键,原来的值就被恢复。编辑完成后,用Select右键前进至程序的最后一步,按Proceed键,储存编辑后的程序并显示主菜单,结束程序编辑。

注意事项

1. PCR管加入试剂后,盖紧防止蒸发。
2. Block盖子不要旋得太紧。
3. 反应完成后应尽快取出样品,不要用PCR仪长时间低温保存反应产物。

四、DYY-8C电泳仪

使用说明

1. 确认电源符合要求后,开启仪器电源开关。
2. 此时"液晶显示屏"显示上一次工作的设定值。
3. 如要改变其数值可按上("▲")下("▼")按键,每一次改变一个数字量;如希望快速改变可按住按键不放松。
4. 如希望查看并设定电压、电流和定时时间,可以按"选择"键,此时"←"指向相应位置。同样,其数值由上下调节按键控制。设定时间范围:1min～99h 59min。
5. 设置结束后可以按"选择"键,此时"←"指向"Start"相应位置,然后按"启/停"

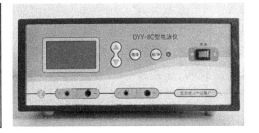

```
Us=400 V ←
Is=100 Ma
Ts=1：30
T=1：00-----Start
T =0：00-------Go on
```

键,仪器开始运行。

6. 仪器正常输出时若要停机可按"启/停"键,输出立刻关闭,如果继续工作应选择"Go On",定时时间继续累加。

7. 一般情况下,设定输出参数的原则是:先设定要稳定的参数值(电压或电流),然后将另一参数设定在安全的高限。举例如下。

例1　稳定电压

首先将电压的准确数值输进去,其他电流或功率值要高于正常工作值,否则电压不能恒定。

例如,恒定电压为200V。

预设电流(100mA,工作电流+30mA):通常1V电压≈0.35mA工作电流,200V电压预计工作电流为70mA,电流再向上加30mA=100mA。

预设功率值(20W):用电压值除以10,即200V÷10≈20W。

实际工作电功率=工作电压(V)×工作电流(A)=200V×0.07A=14W

例2　稳定电流

首先将电流的准确数值输进去,其他电压或功率值要高于正常工作值,否则电流不能恒定。

例如,恒定电流为20mA时,

预计电压(100V,工作电压+30V):通常1mA≈3.5V工作电压,20mA电流预计工作电压为70V,电压再向上加30V=100V。

预计电功率值(10W):用电压值除以10,即100V÷10=10W。

实际工作电功率=工作电压(V)×工作电流(A)=0.02A×70V=1.4W

例3　恒定功率

首先将功率的准确数字输进去,其他电压电流值要高于正常工作值,否则功率不能恒定。

例如,恒功率10～30W时,电流150mA,电压1 000V;40W以上时,电流200mA(或设最高值400mA),电压1 500V。

设定好各项恒定值后,按启动键,实际电流、电压、电功率值显示出来,黑色光标闪烁处为恒定的数值。启动后,如果所希望恒定的值没有黑色光标闪烁,说明没有恒定住。例如,想稳压,但黑色光标处于稳流状态,此时不用关电泳仪。用"△"向上微调增加电流数值,直至黑色光标出现在恒定电压为止。

注意事项

1. 电泳槽与电泳仪连接时,一定注意正负极不能接反。

2. 停止电泳仪时,应先按"启/停"键,再关闭电源。

3. 电泳结束后,请及时取出凝胶,并关闭电源。

五、UVP凝胶成像系统

使用说明

1. 电脑开机进入 Win2000 操作系统。

2. 打开凝胶成像系统右侧上方的电源开关。左上角的 Power On 指示灯呈绿色。

3. 点击桌面上的 Lanch Vision Works LS 快捷方式,启动凝胶成像系统软件。

4. Login 对话框,以 Guest 身份登录,点击 OK,进入 Profile 对话框,以 Public 身份登录,点击 OK,软件启动。

5. 软件界面右上角的 DarkRoom 标志为粉色,表示软件成功启动。否则表示软件未成功启动。

6. 点击软件界面右上角的粉色 DarkRoom 标志,出现 AutoChemi 对话框,Settings 系统默认为 Default 设置,点击 Default 右侧箭头,在下拉框中选择核酸设置。

7. 点击右上方 Focus,启动紫外线灯和相机对胶进行拍照前对焦。左上角的 Mltraviolet On 指示灯应呈红色。否则表示紫外线灯未启动。

8. 调整曝光时间 Exposure Time,一般为 0.1 ~ 1.0s,得到理想的照片效果。

9. 点击右上方 Snap,拍照。

10. 保存照片:点击左上方 file 选择 saveas,保存照片到电脑上。

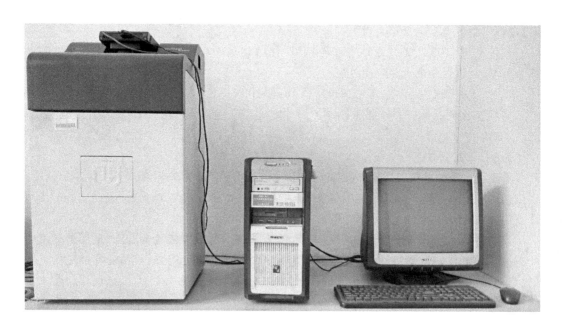

11. 关闭软件、电脑、凝胶成像仪电源。使用中,软件设置参数不要改动。

12. 使用完毕后,务必关掉后面的电源插座,为显示器和照相机断电,否则影响照相机的使用寿命。

注意事项

1. 操作电脑请不要戴手套,避免污染。

2. 观察完结果后,请取出凝胶,并将紫外平台擦拭干净。

3. 结果图片请及时拷走,避免丢失。

六、LDZF-50KB-II型立式压力蒸汽灭菌器

使用说明

1. 灭菌准备:打开灭菌器开关,观察水位,必要时从加水口加入适量蒸馏水。把待灭菌物品放置于灭菌篮中,将灭菌篮放入灭菌器内。灭菌物品在放置时,应使物品之间留有一定间隙,不可堆积过紧,以免妨碍蒸汽穿透。

2. 器盖开闭:盖上灭菌器内盖和外盖,将灭菌器盖手杆旋转至锁紧位置;选择合适的灭菌温度和时间。

3. 加热方法:准备工作完毕后,开始加热。加热开始后,灭菌器进入自动控制状态,自动排汽。当压力和温度达到所需压力时,为灭菌开始时间,定时器开始计时,直至灭菌结束。

4. 灭菌时间:普通敷料一般灭菌时间为30min,金属器械为25min即可。

5. 干燥处理:灭菌完毕后切断电源,慢慢打开放汽阀,将灭菌器内蒸汽慢慢放出,切勿全部打开放汽阀快速放汽,否则灭菌物品易受潮;压力表降到"0"位后,可以开启器盖,灭菌器进入干燥状态,到时取出灭菌物品。

注意事项

1. 开启灭菌器盖前,必先将器内蒸汽放尽,压力表指针降到"0"位,方可开启。

2. 每次灭菌前检查水位,加水量应合适。第一次一般约10L,水太多会使灭菌物品潮湿,太少则在未达到灭菌时间时将水蒸发尽,有可能烧毁电热元件。灭菌器内水垢应经常清除。

3. 灭菌器必须可靠接地,以避免发生触电危险。

4. 每天灭菌完毕后,应关闭电源,建议打开排水阀将水排净。

5. 在灭菌时,工作人员应坚守岗位,认真观察灭菌器工作情况,发现问题及时解决。

6. 一定要先加水后通电,确保加水量在高水位。

7. 若遇电热管缺水烧坏或其他原因漏电时,千万不要操作,应先切断电源。

8. 使用完毕后要切断电源,将表面擦干净,保持清洁。

附录4　实验时间安排建议

基础实验部分时间安排建议

日　期		项　目	学生操作内容	分　　组	时间	建　　议
第一天	上午	1 了解实验流程、学习仪器使用	学习微量移液器的使用	可根据情况适当调整,每组约20人	8:00	讲解实验注意事项、实验报告书写要求及考核办法
		2 PCR扩增目的基因	100μl扩增体系加样、扩增	每人1管	8:30	每人自己加试剂,提醒移液器的准确使用
		3 碱法抽提质粒	抽提pBV220质粒,−40℃沉淀30min后离心、晾干	每人1管	9:00	
		4 琼脂糖凝胶制备	制备凝胶	每组2块胶	10:00	制好后放到电泳槽中备用
		5 PCR产物回收	加沉淀试剂、−20℃沉淀2h(或−40℃沉淀30min)	每人1管	11:00	取出5μl用于电泳检测,其余沉淀回收
	下午	6 PCR产物回收	沉淀后的PCR产物离心、晾干、加20μl水溶解	每人1管	14:30	
		7 质粒溶解	晾干的质粒加20μl水溶解	每人1管	14:40	
		8 DNA电泳检测	电泳检测质粒及PCR产物	每组2块胶	15:00	一块胶用于质粒电泳,一块胶用于PCR产物电泳
		9 培养基的配制、灭菌	配制液体和固体培养基、灭菌、倒平板。灭菌的器械:培养皿26个、1.5ml离心管1盒、各种枪头各2盒、10ml移液管1支、40ml离心管20个、试管20个、牙签、CaCl₂溶液1瓶	每组配LB液体培养基约700ml(30ml×人数+4)、LB固体培养基约700ml(25ml×人数+25ml×6)	15:00	固体培养基倒平板时,不加抗生素倒2个平板,其余加抗生素后倒平板
		10 质粒和PCR产物的酶切	37℃水浴酶切5h(剩余的质粒和PCR产物保留)	质粒酶切每组2~4管,PCR产物酶切每人1管	16:30	酶切后的质粒除了做连接外,剩余的用于电泳,未酶切的作对照
		11 DH5α接种	挑单克隆在无抗生素液体LB中接种,37℃振荡培养过夜	每组2瓶	17:00	

（续表）

日 期			项 目	学生操作内容	分 组	时间	建 议
第二天	上午	12	酶切产物回收	加沉淀试剂、−40℃沉淀30min后离心、晾干、加水溶解	质粒酶切每组2～4管，PCR产物酶切每人1管	8：00	
		13	DH5α接种	按2%接种量接种，振荡培养到对数生长期	每人1瓶（30ml）	8：10	
		14	大肠杆菌感受态的制备	CaCl₂诱导感受态细胞	每人1管	9：30	
		15	DNA重组（目的基因和载体连接）	10μl连接体系，16℃连接4～5h	每人1管	10：00	酶切质粒留5μl左右用于电泳检测，未切质粒作对照
	下午	16	转化	转化感受态大肠杆菌DH5α	每人1管重组DNA管、每个实验台1个感受态对照管、1个阴性对照管、1个阳性对照管	15：00	每组共6个对照管：2个感受态对照、2个阴性对照、2个阳性对照
		17	涂平板	转化后的DH5α涂布平板，37℃培养过夜	上述各管涂布平板，每人1板，每个实验台1组对照	17：00	其中2个感受态对照管涂布在不含抗生素的平板中
第三天	上午	18	挑克隆	挑克隆加入1ml液体含Amp的LB中，37℃振荡培养，5h后42℃诱导过夜	每人1个克隆，每组约20个克隆	8：00	同时培养阳性、阴性对照
		19	制备琼脂糖凝胶	制备凝胶板	每组2块胶（分开上样比较快）	8：30	用于菌体PCR产物和酶切质粒的电泳检测
		20	菌体PCR	每个克隆模板20μl扩增体系	每4～5人 配100μl体系、分装5管，每管19μl	11：00	将挑取的克隆培养1h后，取1μl菌液作模板
	下午	21	琼脂糖凝胶电泳	电泳检测PCR产物和质粒酶切情况	每组2块胶，分别上样	14：30	
		22	诱导表达	生长到对数生长期的菌42℃诱导过夜		15：00	
		23	SDS－PAGE分离胶制备	制备分离胶（12%）	每组制备2块胶板	15：30	
第四天	上午	24	浓缩胶制备	制备浓缩胶（4%）		8：00	
		25	样品的处理	样品加上样缓冲液；沸水浴5min。	每人1管	8：00	每组还有1个阳性对照、1个阴性对照、1个Marker
		26	电泳	上样、电泳		8：30	
	下午	27	剥胶、染色	剥胶、染色4～5h、脱色、看结果、拍照		15：00	每组留2名同学负责

附录5　实验小贴士

1. 分子生物学实验室的电泳区为EB污染区,拿放该区域的东西要戴手套,请注意不要随意乱放东西。

2. 每次实验请提前准备好所需的仪器设备,如低温离心机开机、超净工作台灭菌、水浴锅加热等。

3. 实验过程常常用到移液器,使用时要认真仔细。

- 选择量程合适的移液器,调对需要的刻度,用前检查刻度是否与取液量一致;
- 取液时拇指按压到第一停点,眼睛看着液面取液,枪头尖始终在液面下;
- 拇指缓慢平稳地放松按钮吸液,松得太快易减少吸入体积或吸入移液器内;
- 取液后看枪头里是否取到,眼睛看着枪头放液,放液时拇指压到第二停点;
- 放液到管底或液面下,拿出枪头后再松拇指,防止枪头将微量液体吸回。

4. 实验操作中细节很重要,每一步都要用心。例如,每次离心时,离心管按一致的方向放置,让沉淀产生在同一位置;要把离心后的细胞重悬起来再去涂布平板;加完样用手指轻轻弹一下管子,让试剂混匀;离心管壁上有液滴可以进行瞬时离心;电泳胶要充分凝聚后再拔梳子、上样。

5. 如实记录实验操作过程、现象和结果。

6. 实验完毕将实验台清理干净,仪器、试剂、药品放回原处,填写仪器使用记录。

附录6　实验报告格式

实验报告按科技论文形式,下面是一般格式和顺序。

注意:

1. 图序及图名居中、置于图的下方。
2. 表序及表名置于表的上方,表格采用三线表。
3. 文中的图、表一律采用阿拉伯数字连续编号,如图1、图2、表1、表2等。
4. 标题序号一般最多为三级,如1.1.1、1.1.2等。

大肠杆菌Dps及其融合蛋白表达载体的
构建、诱导表达、分离纯化和功能鉴定

班级_____　　姓名_____　　学号_____

引　言

简单介绍实验的相关背景(如关于载体和宿主的特点)和实验主要流程。

材料方法

1　**材料与试剂**

　1.1　菌种:

　1.2　载体:

　1.3　酶:

　1.4　目的基因(目的基因长度是多少bp? 目的蛋白分子质量是多少?)

　1.5　引物:一对(F和R)

2　**主要仪器设备**

3　**实验方法(写清实验方法的关键点)**

　3.1　质粒提取(主要方法、步骤)

　3.2　PCR扩增目的基因(体系、程序)

　3.3　产物回收(方法)

　3.4　琼脂糖凝胶电泳检测DNA(胶浓度、上样量、电泳条件等)

　3.5　感受态细胞制备(方法)

　3.6　目的基因和载体的酶切(体系及条件)

　3.7　DNA重组(连接体系及条件)

　3.8　转化(方法)

　3.9　重组子的鉴定(菌体PCR体系、程序)

3.10　诱导表达（诱导方法）

3.11　表达产物样品的处理（处理方法）

3.12　SDS-PAGE检测目的蛋白（胶浓度、上样量、电泳条件）

3.13　RT-PCR方法（体系及条件）

3.14　融合表达载体构建（酶切、连接体系及条件）

3.15　蛋白质印迹

3.16　蛋白质分离纯化

3.17　Dps蛋白功能检测

3.18　融合蛋白功能检测

结 果 与 讨 论

1. 质粒提取和目的基因扩增（附电泳图）

2. 酶切回收（附电泳图）

3. 转化（附转化结果图）

4. 重组子鉴定（菌体PCR）（附电泳图）

5. 目的蛋白的诱导表达和表达产物检测（附电泳图）

6. RT-PCR获得目的基因（附电泳检测图）

7. 融合表达载体的构建（附图）

8. 蛋白质印迹法鉴定表达蛋白（附印迹图）

9. 蛋白质分离纯化（附纯化前后电泳图）

10. 表达的Dps蛋白对DNA的保护作用检测（附图）

11. 融合蛋白的功能检测（附图）

结 　 论

1. 是否成功构建表达载体。

2. 目的蛋白是否表达和分离鉴定。

3. 表达的蛋白是否具有功能（如DNA保护作用）。

参 考 文 献

按先后顺序列出作者在正文中被引用过的正式或非正式发表的文献资料。

格式：

连续出版物：[序号]作者.文题.刊名,年,卷号（期号）:起止页码

专（译）著：[序号]作者.书名（译者）.出版地:出版者,出版年.起止页码

例如：

[1]　张昆,冯立群,余昌钰,等.机器人柔性手腕的球面齿轮设计研究.清华大学学
报,1994,34（2）: 1～7.

[2]　竺可桢.物理学.北京:科学出版社,1973: 56～60.

收 获 与 建 议

请写出自己在实验过程中的真实感受和建议。